脱炭素化入門シリーズ

都市の脱炭素化

国立環境研究所
Ph.D. 小端 拓郎 ［編著］

Urban Decarbonization

大河出版

Urban Decarbonization

Edited by
National Institute for Environmental Studies
Ph. D. Takuro Kobashi

Published by
TAIGA Publishing Co.,Ltd.

はじめに

　都市は、完新世と呼ばれる比較的安定し暖かい過去1万年間に、人が集い住まう場所として生まれた。そして、いくつかの気候変動を乗り越えつつ進化し、常に新しい機能を付加しながら人間社会の文明の源として大きな変貌を遂げた。特に、化石燃料の大規模利用が可能となった過去150年間の発展は目覚ましいものであった。しかし、その一方で、化石燃料の燃焼に伴い排出される二酸化炭素が、大気中に滞留し、大きな気候変動を起こしつつある。私たちの社会基盤である完新世の気候が壊されれば、これまで引き継いできた都市文明の存続が危ぶまれる。つまり、今、都市のエネルギーシステムは、次の世代へと引き継ぐべき新しい形への変化を必要としているのである。「都市の脱炭素化」とは、産業の脱炭素化と共に、その変革の核心をなすものである。

　このような中、漸く日本も2050年に温室効果ガスネット・ゼロ排出社会の実現へ向けて大きく舵を切った。（執筆時に、第6次エネルギー基本計画策定に向け2030年に2013年比で46％削減に向けた対策が議論されている。）つまり、今後30年をかけて社会を駆動するエネルギーを化石燃料から、再生可能エネルギーを基盤としたエネルギーシステムへと切り替えて行かなければならない。幸い、太陽光発電をはじめとする再生可能エネルギーが、化石燃料より安くなりつつあることで、一昔前まで夢物語であった「二酸化炭素排出ゼロの社会」が低コストでの実現が視野に入ったことが大きい。しかし、今後エネルギーの主役を担う太陽光・風力発電は大きく変動するため、これらの分散型電源を駆使してどのように脱炭素化を低コストで実現するかは、読者の皆さんの今後のイノベーションによるところである。

　本書は、脱炭素化の中でも「都市の脱炭素化」を中心に扱う。言い換えれば、人の集うところでの人間活動に伴う二酸化炭素排出を、どのように脱炭素化するかということである。都市の二酸化炭素排出は、日本全体の排出の5割強に上り（それ以外は産業関連等）、大きく分けて交通部門と建物部門に分けることができる。交通部門は自動車の電動化、建物部門は徹底的な省エネ、電化、そして、その供給電力を CO_2 フリーの電力にすることで脱炭素化が可能となる。特に、国土の限られた日本においては、今後、価格がさらに安くなる屋根上太陽光発電を可能なかぎり建物に搭載し、そこで作られる安価な電気を、都市の中で使いこなしていくことが「都市の脱炭素化」の一つの大きな鍵となる。

まず、第1部では、都市生活の中で二酸化炭素がどのように排出され、どのように脱炭素化を行うか理解を深める。鶴崎氏（住環境計画研究所）が、家庭の脱炭素化において太陽光発電、省エネ、消費者の行動の重要性を記す。平野氏（国立環境研究所）と井原氏（東京大学）が、家庭における二酸化炭素排出と脱炭素型ライフスタイルのあり方を記す。木村氏（電力中央研究所）が、温室効果ガス排出の3分の1を占める食システムの脱炭素化、特に食行動変容の重要性を記す。次に、栗山氏と劉氏（地球環境戦略研究機関）が、電化とデジタル化が進む脱炭素化社会の姿と、その実現に向けた電力システムの課題を記す。山形氏（慶応大学）と吉田氏（東京大学）が、都市の様々なデータから二酸化炭素がどのような場所からどのような時間に排出されているかを記す。

　第2部では、地域ごとに利用可能な資源量の異なる再生可能エネルギーをどのように活用し、都市の脱炭素につなげていくかを問う。田島氏（環境エネルギー政策研究所）が、農地を活用した営農型太陽光発電の状況とその活用方法を記す。相川氏（自然エネルギー財団）が、都市システムの中で、廃棄物や都市内緑地のバイオエネルギーを、どのように活用することができるのかその可能性を記す。高橋氏（デンマーク大使館）が、風力先進国デンマークが風力発電をどのように発展させ維持しながら、都市の脱炭素化に役立てているか記す。そして、分山氏（九州大学）が、地熱エネルギー開発の歴史とその技術、そして、地域における活用の在り方を記す。

　第3部では、都市の脱炭素化を速やかに進めるために、公平でバランスの取れた計画・戦略の必要性を問う。まず、工藤氏（自然エネルギー財団）が、今後、屋根置き太陽光発電を最大限普及させるために、解決すべき法的・制度的課題を概観する。宇佐美氏（京都大学）と奥島氏（筑波大学）は、今後急激に進む脱炭素化の際に生じる社会のひずみによる影響を受ける人々への課題を記す。豊田氏（気候ネットワーク）は、様々なステークホルダーをつなげサポートしながら脱炭素化を進めるNGOの役割を記す。増原氏（兵庫県立大学）が、行政がいくつかの重要な資源間のトレードオフやシナジーを考慮しながら行政計画の在り方を提起する。

　第4部では、脱炭素化に向けた地方自治体の取り組みを取り上げる。まず、原氏（大阪大学）が、「将来世代」の利益を考慮したフューチャー・デザインを用いた脱炭素化計画の策定手法と、京都市との実践について記す。藤田氏（京都市）が、全国に先駆けて2050年ネットゼロを宣言し、先進的な取り組みを進める

京都市の地球温暖化対策条例の改正・地球温暖化対策計画の策定プロセスを紹介する。山口氏（小田原市）が、EV を「動く蓄電池」として活用しながら進める小田原市の公民連携の脱炭素化へ向けた取り組みを紹介する。渋谷氏（環境省）が、地方公共団体が脱炭素化に向けて取り組むべき役割や仕組み、環境省による支援等を紹介する。

　第5部では、都市の脱炭素化で欠かせない自動車の電動化から、EV と屋根上太陽光発電を用い経済性の高い脱炭素化を実現する SolarEV シティー構想までを取り上げる。内藤氏（京都大学）が、日本における電気自動車開発の歴史、世界の EV 普及の潮流、EV の活用に向けた課題を記す。古矢氏（ニチコン）が、EV を蓄電池として使用するために必要な V2H システムの紹介と、脱炭素化に向けた V2H 活用の取り組みを記す。田中氏（東京大学）と武田氏（東京大学／TRENDE）が、太陽光発電の余剰電力を活用するために近隣間で電気を融通するシステム（P2P）と都市サービスとの融合を記す。最後に、小端氏（国立環境研究所）が、屋根上太陽光発電と EV を利用し大幅にエネルギーコストを削減しながら都市で脱炭素化を行う SolarEV シティー構想の可能性を記す。

　本書は、執筆者の半数近くが、総合地球環境学研究所のプロジェクト「次の千年の基盤となる都市エネルギーシステムを構築するためのトランジッション戦略・協働実践研究（代表：小端拓郎)」に関わって頂いた研究者、専門家、実務家の方々である。いくつかの章はそのプロジェクトの研究成果である。プロジェクトでは、京都の脱炭素化に向けて、ステークホルダーが協力して「都市の脱炭素化」の在り方を模索した。そして、現在、京都未来門プロジェクト（代表：小端拓郎）という形で継続している。この機会に、プロジェクトをサポートして頂いた方々に謝意を表したい。特に、総合地球環境学研究所の安成哲三所長（当時）、谷口真人副所長には大変お世話になった。

　最後に、本書を出版する機会を与えて頂いた、大河出版の社長・金井實氏、専務・吉田幸治氏、担当・古川英明氏には大変お世話になった。動画制作とウェッビナーには、国立環境研究所対話オフィスとグローバルカーボンプロジェクトの協力を得た。コロナ禍の東京オリンピック開催中に、コロナ後の日本が脱炭素化に向け大いなる一歩を踏み出すことを期待しつつ、ここに記す。

令和3年8月2日　　　　　　　　　　　　　　　　　国立環境研究所
　　　　　　　　　　　　　　　　　　　　　　　Ph.D.小端 拓郎

第1部　都市生活の脱炭素化

第1章　家庭での脱炭素化
住環境計画研究所　鶴崎敬大

1．はじめに ……………………………………………………………………… 16
2．家庭からの CO_2 排出状況 ………………………………………………… 16
3．家庭での脱炭素化の可能性 ……………………………………………… 18
　3.1　CO_2 排出量の少ない住宅の普及 ………………………………… 18
　3.2　ネット・ゼロ・エネルギー・ハウスの普及目標 …………………… 19
　3.3　電化の可能性 …………………………………………………………… 20
　3.4　CO_2 削減価値などの利用 ………………………………………… 22
　3.5　重要となる消費者の行動 ……………………………………………… 23
　3.6　生活ニーズの変化 ……………………………………………………… 24

第2章　家庭生活に伴う直接・間接 CO_2 排出と脱炭素型ライフスタイル
国立環境研究所　平野勇二郎、東京大学　井原智彦

1．はじめに ……………………………………………………………………… 28
2．生活行動に伴うライフサイクル CO_2 排出 …………………………… 28
3．主要都市を対象とした比較 ……………………………………………… 32
4．脱炭素型ライフスタイル実現に向けて ………………………………… 35

第3章　食システムの脱炭素化に向けた食行動
電力中央研究所　木村宰

1．はじめに ……………………………………………………………………… 42
2．食システムの GHG 排出削減策と食行動変容 ………………………… 43
　2.1　食システムの GHG 排出削減策とポテンシャル …………………… 43
　2.2　食品のカーボンフットプリント ……………………………………… 43
　2.3　菜食化は健康的か ……………………………………………………… 44
3．食行動変容を推進するための政策措置 ………………………………… 46
　3.1　基盤的施策 ……………………………………………………………… 47
　3.2　規制的施策 ……………………………………………………………… 47
　3.3　経済的施策 ……………………………………………………………… 47
　3.4　情報的施策 ……………………………………………………………… 48
　3.5　行動科学的施策（ナッジ）…………………………………………… 48
4．都市や自治体での取り組み ……………………………………………… 49
　4.1　公共施設でのベジタリアンメニューの率先導入 …………………… 49
　4.2　学校給食への持続可能な食・低炭素型の食の導入 ……………… 50
5．さいごに：食システムの脱炭素化に向けて …………………………… 51

第4章　電化とデジタル化が進む都市の脱炭素化を担う送電網
地球環境戦略研究機関　栗山昭久、劉憲兵

1．脱炭素化（ネット・ゼロ）の社会像 ···························54
2．脱炭素化（ネット・ゼロ）の都市型ライフスタイルの姿 ···········55
3．脱炭素（ネット・ゼロ）のエネルギー消費量と再エネポテンシャル ·······57
4．再エネの拡大に依存する都市脱炭素化の課題 ···················59
5．最大限の再エネ拡大に資する地域間連系線を含む電力系統の最適化 ·······60

第5章　都市地域炭素マッピング：時空間詳細な CO_2 排出量の可視化
慶應義塾大学　山形与志樹、東京大学　吉田崇紘

1．はじめに ·······························66
2．都市地域炭素マッピング ·····················66
　2.1　概要 ·····························66
　2.2　東京都墨田区における適用例 ·················67
　2.3　新型コロナウイルス感染症流行による CO_2 排出量の変化 ·······68
3．都市システムデザイン ·······················71

第2部　再生可能エネルギーの活用

第1章　進化を続ける営農型太陽光発電
環境エネルギー政策研究所　田島誠

1．背景 ·······························76
2．営農型太陽光発電とは ·······················77
3．多様な営農型太陽光発電 ·····················79
4．営農型太陽光発電の利点と事例 ·················80
　4.1　農家経営の安定化と増収 ·················80
　4.2　土地利用効率の向上 ·····················80
　4.3　生物多様性の保全 ·····················82
　4.4　地球温暖化の適応策 ·····················82
　4.5　進化し続ける営農型太陽光発電 ···············84
5．あなたの地域でも営農型太陽光発電を導入しよう ·········86
6．最後に ···························86

第2章　都市におけるバイオエネルギー利用の方向性
自然エネルギー財団　相川高信

1．はじめに ·······························92
　1.1　都市にもあるバイオマス資源 ·················92
　1.2　都市のメタボリズムというフレームワーク ···········92
　1.3　都市で利用されるバイオエネルギーの類型 ···········93
2．都市でバイオエネルギー利用を進めるためのインフラ ·········94

2.1 エネルギー転換設備 ……………………………………………… 94
2.2 熱やガスを利用可能にするインフラの重要性 …………………… 94
3. サーキュラー・バイオエコノミー：都市に流入・還流するバイオマス量
   の増加 ……………………………………………………………… 95
3.1 バイオマス素材による代替 ……………………………………… 95
3.2 サーキュラー・バイオエコノミー ……………………………… 96
4. グリーンインフラのエネルギー問題解決への貢献 …………………… 96
4.1 気候変動の時代に重要性を増すグリーンインフラ …………… 96
4.2 グリーンインフラとバイオエネルギー利用 …………………… 97
5. ホリスティックなアプローチ …………………………………………… 97
5.1 都市内バイオマス循環を「コモン」として管理する ………… 97
5.2 バイオマスの持続可能性の確保 ………………………………… 98

第3章　デンマークの風力主力化モデル
デンマーク大使館　高橋叶

1. はじめに ……………………………………………………………… 102
2. デンマークにおける脱炭素の取組状況・展望 ……………………… 102
3. デンマークの風力開発：歴史・現状・未来 ………………………… 103
3.1 歴史 ……………………………………………………………… 103
3.2 現状 ……………………………………………………………… 103
3.3 未来 ……………………………………………………………… 105
4. 風力の大量導入を支える政策 ……………………………………… 105
4.1 ファイナンス …………………………………………………… 105
4.2 計画枠組み ……………………………………………………… 106
4.3 洋上風力の入札制度 …………………………………………… 107
5. 風力の大量導入を支えるエネルギーシステム ……………………… 108
6. 地域レベルでの取り組み事例 ……………………………………… 110
6.1 コペンハーゲン ………………………………………………… 110
6.2 フェロー諸島 …………………………………………………… 110
7. おわりに ……………………………………………………………… 111

第4章　地熱エネルギーの活用
九州大学　分山達也

1. 地球の熱エネルギー ………………………………………………… 114
2. 地熱発電 ……………………………………………………………… 114
3. 地熱発電の歴史 ……………………………………………………… 116
4. バイナリー発電 ……………………………………………………… 118
5. 次世代型地熱発電の研究開発 ……………………………………… 119
6. 将来の地熱エネルギー利用 ………………………………………… 120

第3部　公平で速やかな都市の脱炭素化に向けた課題

第1章　都市の中の太陽光—導入拡大に向けた法的・制度的課題
自然エネルギー財団　工藤美香

1．はじめに —「どこでも太陽光発電」が求められる将来 ･････････････ 126
2．屋根置き太陽光発電のポテンシャル ･･････････････････････････････ 126
3．建物への太陽光発電の設置義務化？ ･･････････････････････････････ 128
4．法的課題 ･･ 130
　4.1　屋根貸し太陽光と屋根の賃貸借契約の保護 ････････････････････ 130
　4.2　日照（受光利益）の保護 ････････････････････････････････････ 130
　4.3　景観との調和 ･･ 131
　4.4　太陽光発電設置義務化と憲法上の論点 ･･･････････････････････ 132
　　4.4.1　財産権 ･･ 132
　　4.4.2　法の下の平等 ･･ 133
5．終わりに ･･ 134

第2章　公平なエネルギー転換：気候正義とエネルギー正義の観点から
京都大学　宇佐美誠、筑波大学　奥島真一郎

1．脱炭素化をめぐる2つのエネルギー問題 ･････････････････････････ 140
　1.1　エネルギー転換とエネルギー貧困 ･･････････････････････････ 140
　1.2　本章のねらい ･･ 140
2．気候正義論 ･･ 141
　2.1　平等な排出権？ ･･ 141
　2.2　基本的ニーズ ･･ 142
3．エネルギー貧困 ･･ 143
　3.1　エネルギー貧困とは？ ････････････････････････････････････ 143
　3.2　日本のエネルギー貧困 ････････････････････････････････････ 143
4．基本的炭素ニーズ ･･ 146
　4.1　基本的炭素ニーズとは？ ･･････････････････････････････････ 146
　4.2　日本での基本的炭素ニーズ ････････････････････････････････ 147
5．公平なエネルギー転換に向けて ･･････････････････････････････････ 148

第3章　脱炭素都市・地域づくりに向けたNGOの取り組み
気候ネットワーク　豊田陽介

1．脱炭素社会に向けたNGOのビジョンと活動 ･････････････････････ 152
　1.1　パリ協定に整合した削減目標と「行動」の必要性 ･････････････ 152
　1.2　脱炭素社会の実現に向けた気候ネットワークの活動の概要 ･････ 152
2．市民参加型の再生可能エネルギー普及の取り組み ･･････････････････ 153
　2.1　市民・地域共同発電所の広がり ････････････････････････････ 153

2.2　都市と農村の交流による市民・地域共同発電所づくり ······················ 154
2.3　公共施設等を利用した都市での市民・地域共同発電所づくり ··········· 155
3．脱炭素社会を生きる次世代の養成 ······························· 156
3.1　脱炭素教育プログラム「こどもエコライフチャレンジ」 ··············· 156
3.2　海外での脱炭素都市づくりへの貢献 ······························· 157
4．気候変動対策と地域貢献・活性化に資する新電力事業 ······· 158
4.1　再エネ転換を目指す「パワーシフト・キャンペーン」 ··············· 158
4.2　僧侶が作った電力会社「TERA Energy（テラエナジー）」 ·············· 159
4.3　たんたんエナジー ··· 160
5．脱炭素社会の実現に向けたマインドチェンジの必要性 ··············· 161

第4章　資源ネクサスと行政計画京都市のケースを中心として
兵庫県立大学　増原直樹

1．はじめに―問題の背景― ··· 164
1.1　パリ協定と持続可能な開発目標 ······································· 164
1.2　資源ネクサスと行政計画 ··· 164
1.3　京都市の事例 ··· 165
2．SDGsのゴール・ターゲット間のネクサス ··············· 165
2.1　資源ネクサスの誕生 ··· 165
2.2　資源ネクサスのデータからみえる関係性 ······························· 167
2.3　資源ネクサスに関わる行政計画 ······································· 168
3．京都市における資源ネクサス関連行政計画 ··············· 170
3.1　京都市における資源ネクサス ··· 170
3.2　資源ネクサス関連計画の目標・指標 ······························· 171
3.3　計画の見直しの可能性 ··· 171

第4部　地方自治体の脱炭素化に
向けた役割と取り組み

第1章　脱炭素社会に向けたフューチャー・デザイン
大阪大学　原圭史郎

1．はじめに ··· 178
2．フューチャー・デザインとは何か ······························· 179
3．京都市でのフューチャー・デザイン実践 ··············· 181
3.1　フューチャー・デザインチームの設立 ······························· 181
3.2　フューチャー・デザイン実践の概要 ······························· 181
4．将来職員が描いた2050年の京都市 ······························· 185
5．結語 ··· 186

第2章　1.5℃に向けた京都市の挑戦

京都市　藤田将行

1．はじめに　……………………………………………………………………… 190
2．京都議定書誕生の地としてのこれまでの取組　………………………… 190
3．「2050年二酸化炭素排出量正味ゼロ」の表明　………………………… 191
4．2050年ゼロの達成に向けた道筋の検討　………………………………… 192
　4.1　市役所庁内における「1.5℃を目指す将来世代職員フューチャー・
　　　デザインチーム」での議論　……………………………………………… 194
　4.2　若者世代との意見交換　…………………………………………………… 195
5．むすびに　……………………………………………………………………… 197

第3章　小田原市におけるシェアリングEVを活用した脱炭素型地域交通モデル

小田原市　山口一哉

1．持続可能なまちづくりに向けたEVの活用　…………………………… 200
2．取組の背景　…………………………………………………………………… 200
3．EVに特化したカーシェアリングサービスの概要　…………………… 203
4．シェアリングEVを活用した地域エネルギーマネジメント　………… 204
5．地域課題解決への貢献　…………………………………………………… 205
6．脱炭素社会の実現に向けて　……………………………………………… 208

第4章　脱炭素社会の実現に向けた地方公共団体の取組について

環境省　澁谷潤

1．地方公共団体の気候変動対策を巡る動向等　………………………… 210
2．地方公共団体実行計画制度の概要　……………………………………… 211
3．改正地球温暖化対策推進法の概要　……………………………………… 212
　3.1　改正の背景　………………………………………………………………… 213
　3.2　改正の内容　………………………………………………………………… 213
4．地方公共団体における課題や国による支援等　……………………… 214

第5部　自動車の電動化からSolarEV シティー構築に向けて

第1章　自動車の電動化

京都大学　内藤克彦

1．我が国におけるEV開発の歴史　………………………………………… 220
2．車格別のEV適性とEV蓄電池の総量　………………………………… 226
3．今後のEVの普及　………………………………………………………… 228
4．EV用蓄電池　………………………………………………………………… 229
5．EV用充電器と系統接続　………………………………………………… 230

目 次

第2章　V2Hシステムとエネルギーマネジメント
ニチコン　古矢勝彦

1．まえがき ……………………………………………………………… 234
2．V2Hシステムの概要 ……………………………………………… 234
　2.1　V2Hシステムの機能 ………………………………………… 234
　2.2　V2Hシステムの歴史 ………………………………………… 234
　2.3　世界のV2H紹介 ……………………………………………… 235
　2.4　V2Hシステムの課題 ………………………………………… 236
3．V2Hシステムの可能性 …………………………………………… 236
　3.1　ZEHの実現 …………………………………………………… 236
　3.2　エネルギーの移送 …………………………………………… 237
　3.3　VPPに活用 …………………………………………………… 238
4．V2Hシステムを用いたエネルギーマネージメント …………… 238
　4.1　家庭におけるエネルギーマネジメント …………………… 238
　4.2　事業者におけるエネルギーマネージメント ……………… 239
　4.3　地域におけるエネルギーマネージメント ………………… 239
　4.4　広域でのエネルギーマネージメント ……………………… 239
5．まとめ ………………………………………………………………… 240

第3章　分散協調メカニズムの活用による都市の脱炭素化実現の可能性
東京大学　田中謙司、東京大学／TRENDE　武田泰弘

1．脱炭素化に向けた分散協調メカニズムの可能性 ………………… 242
2．P2P電力取引プラットフォームと協調メカニズム …………… 244
　2.1　東富士P2P電力取引実証実験 …………………………… 245
　　2.1.1　実証実験結果 ……………………………………………… 246
3．都市サービスへの融合 …………………………………………… 248

第4章　SolarEVシティー構想：新たな都市電力とモビリティーシステムの在り方
国立環境研究所　小端拓郎

1．はじめに ……………………………………………………………… 252
2．考え方 ………………………………………………………………… 253
3．SolarEVシティーの効果 ………………………………………… 255
4．どのように実現するのか？ ……………………………………… 259
5．おわりに ……………………………………………………………… 259

索　引 …………………………………………………………………… 262
執筆者紹介 ……………………………………………………………… 265

第1部

都市生活の脱炭素化

第1章　家庭での脱炭素化

第2章　家庭生活に伴う直接・間接 CO_2 排出と脱炭素型
　　　　ライフスタイル

第3章　食システムの脱炭素化に向けた食行動

第4章　電化とデジタル化が進む都市の脱炭素化を担う
　　　　送電網

第5章　都市地域炭素マッピング：時空間詳細な CO_2 排
　　　　出量の可視化

第1部

第 **1** 章

家庭での脱炭素化

住環境計画研究所　鶴崎敬大

　家庭部門の CO_2 排出量は2019年度に約1.6億トンで、6年前より23%減少した。CO_2 排出削減技術の普及により、2016年以降の住宅での CO_2 排出量は平均より2～3割少ない水準である。2050年までに脱炭素化を実現するには、太陽光発電システムと省エネルギー機器の最大限の導入が不可欠である。また、省エネルギー行動の実践率は CO_2 排出量に大きな差をもたらしており、消費者行動が重要である。とくに住宅の新築、住み替え、機器の買い換え、電気・ガスの小売事業者とその提供するメニューの選択など、さまざまな場面での消費者の選択と、それを支援する事業者や政府の役割が、脱炭素化実現の鍵である。

Keywords

脱炭素

家庭部門、CO_2 削減、消費者行動

1. はじめに

　本節では、生活に伴う温室効果ガスの排出のうち、住宅での電気、ガス、灯油の使用と自動車用燃料（ガソリン、軽油）の使用に伴う CO_2 の排出に焦点をあてる。このほか食料、衣料、旅行など、生活関連の商品・サービスによる間接的な温室効果ガスの排出も重要なテーマであるが、本節では対象外とする。

　脱炭素化はエネルギー効率の向上（省エネルギー）だけでは到達できない。人間が生活を営むためのエネルギー消費をゼロにすることはできないからである。エネルギー効率の向上とともに、使用するエネルギーの脱炭素化を進める必要がある。また、政策の場で議論されることは少ないが、エネルギーを極力使用しないで、生活のニーズを満たすことも重要である。

2. 家庭からの CO_2 排出状況

　最初に家庭からの CO_2 排出状況を確認してみよう。公的データは２種類ある。１つは、国連気候変動枠組条約に基づき政府が作成している「日本国温室効果ガスインベントリ報告書」に付随して国内向けに公開されている日本の温室効果ガス排出量データ[1]（以下、「インベントリ」という。）であり、1990年度から最新年度までの推計結果が毎年、報告されている。もう１つは、環境省の「家庭部門の CO_2 排出実態統計調査[2]」（以下、「家庭 CO_2 統計」という。）である。家庭 CO_2 統計は統計法に基づく一般統計調査であり、2017年度から毎年度実施されている。

　インベントリは京都議定書が発効した2005年度から作成されてきたが、家庭部門に関して詳細な排出実態を把握するため、家庭 CO_2 統計が開始された。2021年現在、これら２種類のデータは独立しており、数値も一致していない。インベントリのデータが国の公式な数値であり、家庭 CO_2 統計は地方、住宅の種類、世帯の構成、機器の使用状況や省エネルギー行動などと CO_2 排出量の関係を詳細に把握するための統計として活用されている。

　インベントリによると、2019年度の家庭部門の CO_2 排出量は約１億5900万トンであった。これは住宅内で使用されるエネルギーに由来する排出量であって、具体的には電気、都市ガス、LP ガス、灯油、そして構成比は小さいが熱（供給）で構成されている。なお、電気と熱に由来する CO_2 排出量を家庭部門ではなく、エネルギー転換部門に含めるデータも作成されているが、一般的にはこちらが使用されている。

　家庭部門の CO_2 排出量が１億6000万トンを下回ったのは2001年度以来、18年

ぶりである。政府の地球温暖化対策計画（2016年）で基準年度とされている2013年度と比較すると、23.3％も減少している。6年間でこれほどの減少を記録したのはインベントリ作成以降では初めてである。環境省はこの変化を、①電気のCO_2排出係数（1kWh当たりのCO_2排出量）の低下により13.5％の減少、②家庭での取り組みなどにより9.9％の減少、と分析している[3]。①では原子力発電所の再稼働と再生可能エネルギー電源の普及が寄与している。②には気候要因や世帯の変化（世帯数の増加、世帯人数の減少）の影響も含まれる。

　インベントリには「家庭におけるCO_2排出量」という項目もある。「家庭からのCO_2排出量」と表記されることもある。これは前述の家庭部門のCO_2排出量（世帯当たり計2.70トン）に、マイカー用のガソリン・軽油（同、計1.05トン）、一般廃棄物及び水道（同、計0.23トン）によるCO_2排出量が加算されたもので、合計で世帯当たり3.97トンとなっている。一般廃棄物は、プラスチックごみ等の燃焼時のCO_2排出と、ごみ処理施設の操業にともなうCO_2排出である。水道は、水処理施設の操業にともなうCO_2排出である。私たちの生活のなかで、電気やガスなどの省エネやエコドライブに取り組むことだけでなく、ごみの排出抑制や節水に取り組むこともCO_2排出の削減につながるため、このような情報が提供されている訳である。

　家庭CO_2統計によると、2019年度の世帯当たりCO_2排出量は電気が1.80トン、ガス・灯油が0.92トン、ガソリン・軽油が1.19トンで合計3.91トンとなっている（**図1**）。インベントリと比べると、ガソリン・軽油がやや多い。構成比は電気が

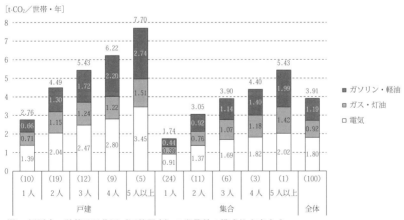

（注：括弧内の数値は母集団（国勢調査）の世帯数の構成比を表す。）
（出所：環境省「平成31（令和元）年度 家庭部門のCO_2排出実態統計調査(確報値)」）

図1　住宅の建て方別世帯人数別世帯当たり年間CO_2排出量

46.0％、ガス・灯油が23.5％、ガソリン・軽油が30.4％である。なお、家庭CO_2統計の公表資料では、電気・ガス・灯油とガソリン・軽油は別に取り扱われており、合計値は集計されていない。

　住宅の建て方と世帯人数で区分すると、戸建住宅・1人世帯では2.76トンで、集合住宅・1人世帯の約1.6倍の水準である。他の世帯人数でも戸建住宅は集合住宅の1.4〜1.5倍となっている。集合住宅は戸建住宅に比べ住宅面積が小さく、上下階や隣の住戸と接していることで、暖房や冷房に必要なエネルギーが抑えられる。

　ここで注意が必要なのは、家庭CO_2統計には共用部で使用されるエネルギー（主に電気）に由来するCO_2排出量は含まれていないことである。廊下や階段、ホールなどの照明や、エレベーター・給水用ポンプなどの動力などがある。超高層マンションでは共用部のエネルギー消費量がかなり大きいと推察されるが、共用部のエネルギー消費実態に関する公的データがなく、継続的な調査・研究が望まれる。

3．家庭での脱炭素化の可能性

3.1　CO_2排出量の少ない住宅の普及

　省エネルギー法の制定から40年以上、地球温暖化対策推進法の制定から20年以上が経過している。この間、住宅や機器、自動車にはエネルギー効率の向上を促す施策が実施されてきた。住宅用太陽光発電システムの普及も進んでいる。政策の効果を明らかにするには丁寧な研究が必要であるが、ここでは大まかに把握するため、住宅の建築時期で世帯を区分したCO_2排出量で比較してみよう。

　平均世帯人数に差があるため、1人当たりのCO_2排出量で比較すると、2016年以降の住宅では1.39トンであり、全体平均より19％少ない（**図2**）。内訳をみると、ガソリン・軽油の差は小さいが、ガス・灯油は33％、電気は23％、それぞれ少ない。2016年以降の住宅では太陽光発電、二重サッシや複層ガラスの窓、エネルギー効率の高い電気ヒートポンプ式給湯機やLED照明など、CO_2排出削減技術の使用率が高いことが、CO_2排出量の抑制に貢献していると考えられる（**表1**）。自動車の購入は住宅の建築とは独立して行われるため、差が見られなかったと考えられる。

　このようにCO_2排出削減技術の普及は、脱炭素化に一定の効果が期待できるが、現状では平均より2〜3割の削減に留まり、脱炭素の達成には、こうした技術が新築住宅に任意で導入されるだけでは不十分であることも認めざるを得ない。

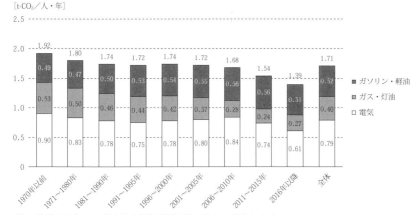

[t-CO₂／人・年]

(注：世帯当たり CO_2 排出量を平均世帯人数で除して算出した。)
(出所：環境省「平成31(令和元)年度 家庭部門の CO_2 排出実態統計調査(確報値)」)

図2　住宅の建築時期別１人当たり年間 CO_2 排出量

表1　CO_2 排出削減技術の使用状況

	2016年以降の住宅	全世帯の平均
すべての窓が二重サッシまたは複層ガラス	52.0%	23.7%
電気ヒートポンプ式給湯機	27.7%	14.8%
LED照明（居間）	82.7%	55.6%
製造時期が2016年以降の冷蔵庫（１台目）	43.4%	18.1%
太陽光発電システム	17.5%	7.0%
太陽光発電システム容量（使用世帯）	5.87kW	4.60kW
家庭用エネルギー管理システム	8.3%	2.1%

(出所：環境省「平成31(令和元)年度 家庭部門の CO_2 排出実態統計調査(確報値)」)

3.2　ネット・ゼロ・エネルギー・ハウスの普及目標

　政府は ZEH（ネット・ゼロ・エネルギー・ハウス）の普及を促進しており、2030年までに新築戸建住宅の平均で正味（ネット）のエネルギー消費量（自動車用を含まない）をゼロにすることを目標としている。住宅でのエネルギー消費量を実際にゼロにすることは不可能であるため、太陽光発電による発電量などで消費量を相殺するという考え方である。ただし、単純に大容量の太陽光発電を導入すればよい訳ではなく、住宅の省エネルギー基準よりさらに高い断熱性能と、高効率な設備を導入することでエネルギー消費量を省エネルギー基準より２割以上抑制することも併せて求められている。集合住宅では太陽光発電の導入スペース

が限られるため、新築集合住宅の平均で2030年までに、住宅の省エネルギー基準で定められているエネルギー消費量より5割少ない水準を達成することを目標としている。

　ZEH の普及は家庭での脱炭素化に不可欠である。住宅の省エネルギー基準は1980年に制定されたが、今も300㎡未満の小規模住宅（戸建住宅のほとんどが含まれる）については努力義務に留まっている。政府は地球温暖化対策計画（2016年）において2020年度に新築住宅の省エネルギー基準適合率を100％にする目標を掲げており、2013年度の45％から2018年度には69％まで向上した[4]が、予定していた適合義務化を見送ったため、目標達成は困難となった。2021年5月現在、改めて適合義務化の議論が進んでいるところであるが、これが実現したとしても、ZEH の目標達成には、さらなる規制強化が必要になると考えられる。

　近年、住宅の着工戸数は年間100万件未満で推移している。これは住宅戸数（空き家を除く）の2％に満たない。今後は住宅の寿命が延び、人口は減少していくため、着工戸数は減少傾向が続くと見込まれる。そのため既築住宅にも目を向けなければならないが、新築住宅での対策に比べ、設置場所の制約、構造上の制約、導入費用、選択や意思決定など、課題は多い。

3.3　電化の可能性

　家庭の脱炭素を実現する手段としてわかりやすいのは、設備をいわゆるオール電化にして、太陽光発電を導入することである。家庭のエネルギー使用用途のうち暖房、給湯、台所用コンロでガスや灯油が使用されている。これらの設備を電気式に転換したうえで、太陽光発電の電気で、照明・家電製品や冷房を含めて全体を賄うことができれば、住宅内の脱炭素は達成される。ガソリン・軽油についても電気自動車に交換し、やはり太陽光発電の電気で賄えば、家庭における CO_2 排出はごみと水道に由来するもののみとなり、脱炭素に大きく近づく。

　家庭 CO_2 統計によると、2019年度に戸建住宅・オール電化（ガス・灯油不使用）世帯は全世帯の7.6％を占めた。年間電気使用量は約8,700kWh（平均世帯人数は3.19人）である。これには一部の世帯（オール電化世帯の35％）が使用している太陽光発電からの電気を消費した分を含めている。太陽光発電の発電量は年間約5,300kWh（容量は4.66kW）であったので、太陽光発電導入済みの世帯では、電気使用量の約6割を太陽光発電で賄っている計算になる。電気自動車またはプラグインハイブリッド自動車の使用率は約2％であり、現状では、電気使用量に占める割合は軽微と考えられる。

　一般に、太陽光発電の時々刻々変動する発電出力が、その時の消費電力を超えると、余剰電力として電力会社に売電され、発電出力の方が小さいとき（夜間を

含む）は電力会社から供給されている。電力会社からの供給分に由来するCO_2排出量を、売電分のCO_2削減量で相殺し、正味でゼロを目指す。このような考え方で脱炭素を達成することを、以下ではネット・ゼロと呼ぶ。ZEHも基本的に同じ考え方である。

　戸建住宅・オール電化世帯の住宅内のエネルギー使用に伴うCO_2排出量をネット・ゼロにするには、計算上は太陽光発電を3kW増設すればよい。しかし、屋根など設置に適した場所は限られている。

　エネルギー効率の向上による削減余地はどの程度期待できるだろうか。電気ヒートポンプ式給湯機の使用率は、これらの世帯では既に80％を超えているが、電気温水器（16.6％）をヒートポンプ式に切り換えた場合、1台当たりの削減量を3,000kWhとすると、電気使用量の平均値を約500kWh減少させることができる。

　次に、LED照明（居間）の使用率は66％であり、LED化による削減量を1世帯当たり300kWhと見込むと、電気使用量の平均値は約100kWh減少する。冷蔵庫の使用台数は1世帯当たり平均1.2台であり、2015年以前の冷蔵庫（0.9台）が買い換えによって、2016年以降の冷蔵庫並みの電気使用量となった場合、電気使用量の平均値は約200kWh減少すると見込まれる。

　以上の3機種合計で、電気使用量の削減余地は約800kWhとなり、暖房機器や他の家電製品の効率向上も勘案すれば、1,000kWh程度の削減は期待できるかもしれない。それでも住宅内の電気使用量と太陽光発電の発電量のギャップ（3,400kWh）の3分の1弱を埋めるに留まる。

　電気自動車が1台導入された場合、電費を1kWh当たり7km、年間走行距離を7,000kmとすると、電気使用量は1,000kWhとなる。偶然だが、機器のエネルギー効率の向上効果と同等である。

　以上は粗い試算ではあるが、ネット・ゼロの達成に最も近い位置にいる戸建住宅・オール電化世帯であっても、自ら実現することが容易ではないことがわかる。

　家庭CO_2統計で全世帯の47.6％を占める戸建住宅・ガス灯油併用世帯については、給湯や台所用コンロを電気式に切り換え、日照条件などに問題がなければ太陽光発電を導入することで、ネット・ゼロに近づくことができる。

　暖房もエアコンに切り換えることで、電気式に切り換えつつ、ヒートポンプの利用によりエネルギー効率も向上できるが、住宅の断熱性能が低い場合、エアコンでは足元が暖まりにくく、快適な温熱環境を実現しにくい。できれば窓や床下・天井の断熱リフォームを施したうえで、エアコンに切り換えることが望ましい。本来は壁を含め居住空間全体を断熱リフォームした方がよいが、費用が課題

である。部分的な断熱リフォームでも、光熱費やCO_2排出量の削減対策としては割高に感じられるため、快適性や健康の観点でとらえた方がよい。断熱リフォームはオール電化世帯や集合住宅の世帯にも、もちろん有効である。

　集合住宅は戸建住宅に比べ課題が多い。家庭CO_2統計によると、集合住宅・オール電化世帯は全世帯の1.8%、集合住宅・ガス灯油併用世帯は43.0%となっており、戸建住宅よりもオール電化の割合は小さい。太陽光発電はほとんど使用されていないため、自らネット・ゼロを実現することは難しい。

　集合住宅のうち3分の2は賃貸住宅であり、設備の交換や導入はオーナーの役割である。ところが光熱費を支払うのは居住者であるため、オーナーがエネルギー効率の向上やCO_2削減に取り組む動機は弱い。

　分譲マンションなどの持ち家であっても、戸建住宅のようには進まない。台所用コンロを電気式に交換することは可能であるが、全戸が交換する場合、電気容量が不足し、受電設備や幹線の増強が必要になる可能性がある。さらに困難なのは給湯器である。ガスや灯油の給湯器を、貯湯タンクを有する電気ヒートポンプ式給湯機に入れ替えるには、設置場所と荷重への対応が必要であり、現状ではほとんど望みがない。

　集合住宅の給湯分野からのCO_2排出量は家庭部門の約8％を占めている。家庭部門の中で最も脱炭素化が難しい領域である。

3.4　CO_2削減価値などの利用

　家庭で自ら脱炭素を実現するには太陽光発電をどれだけ利用できるかが鍵になるが、これだけで実現することは難しい。とくに集合住宅ではほとんど期待できない。代替策として、再生可能エネルギー由来の電気を購入するなど、購入する電気を脱炭素化する方法がある。2016年度から電気の小売事業が全面自由化され、家庭も電力会社を選択することができるようになった。競争上の差別化や環境対応ニーズの高まりを背景に、再生可能エネルギー由来の電気を供給するメニューを提供する電力会社が増えている。販売する電気に、グリーン電力証書による再生可能エネルギー電気の価値や、J-クレジットまたは非化石証書によるCO_2削減価値を組み合わせることで、再生可能エネルギーの電気（あるいはCO_2フリーの電気）を供給する形態が多い。

　購入する電気を脱炭素化する方法は、エネルギー・環境分野の各種制度の見直しや新たな制度の導入によって変化を続けており、消費者に分かり易く、安心して利用できる仕組みになるにはもうしばらく時間がかかるだろう。

　家庭の話題を超えるが、ガス・石油などの化石燃料の利用技術や供給インフラを中長期的にどのように位置づけ、活用していくのかが問われている。すべての

エネルギー需要に電気で対応することは困難であり、非化石エネルギーとして水素やアンモニアの利用拡大が計画されている。ガスについては、再生可能エネルギー発電などから生成される CO_2 フリー水素と、火力発電所等から回収された CO_2 を合成したカーボンニュートラル（炭素中立）なメタン（プロパン）ガスの利用も検討されている。しばらく先のことになるだろうが、こうした取組が結実すれば、集合住宅でガス給湯器を使いながらも脱炭素に近づける可能性がある。

3.5　重要となる消費者の行動

　家庭の脱炭素化には、消費者の選択肢を増やすこととともに、消費者が最適な選択肢を選択すること、すなわち消費者行動が重要である。住宅を建てるとき、購入するとき、借りるとき、機器を購入するとき、エネルギー会社や契約メニューを変更するとき、さまざまな選択肢から消費者が最適な選択を行うために、何が必要だろうか。住宅の購入のように、選択の機会が一生に1〜2回しかない場合は、消費者は知識が乏しいまま選択する可能性があり、消費者を支援する供給者や仲介者や、政策の役割は非常に大きい。機器の購入やエネルギー会社の選択のように機会が比較的多い場合は、その選択の結果を消費者自身が認識することが重要である。その選択の結果、光熱費や CO_2 排出量がどうなったのかを把握できれば、次の選択に活かすことができる。機器単位のエネルギー使用量や光熱費、エネルギー契約メニューの CO_2 排出量や電源構成（の変化）などの情報は、残念ながら現状では消費者が入手しにくい。ここでも供給者や仲介者の支援、さらには政府の介入が必要になるだろう。

　消費者行動では、日常的なエネルギー消費行動や環境配慮行動も注目される。脱炭素化という極めて高い目標を前に、細かい節約行動や環境配慮行動を積み重ねることに、徒労感を持たれる人もいるかもしれない。しかし、省エネルギー行動の実践度合いが CO_2 排出量に大きな差をもたらすことは統計でも確認されている。家庭 CO_2 統計（2019年度）で調査された18項目の省エネルギー行動の実施率が80％を超えている世帯は、世帯当たり CO_2 排出量（ガソリン・軽油を除く）が2.26トンであり、全世帯の平均（2.72トン）より17％少ない。1人当たりの CO_2 排出量で比較しても13％少ない。このような世帯の割合はまだ全体の15.8％、およそ6世帯に1世帯に過ぎない。

　しかしながら省エネルギー行動の実践は容易ではない。生活のなかで意識しづらいエネルギーの使用量を測定し、可視化するなど、省エネルギーを支援する家庭用エネルギー管理システム（HEMS）が期待されているが、普及率は2％程度であり、発展途上と言わざるを得ない。

　この分野に刺激を与えたのは、米国発のホームエネルギーレポートである。月々のエネルギーの使用量や支払金額に加えて、類似家庭との比較結果や、省エネのヒントが掲載されている。米国を中心に、エネルギー事業者がこのレポートを顧客に定期的に送付する取組が行われ、約2％の省エネルギー効果が得られることが確認されている[5]。日本でも環境省の実証事業で日本オラクルと住環境計画研究所が、国内の電力会社・ガス会社の協力を得て、約2年間の継続的な送付によって、同様の効果が得られることを確認している。

　脱炭素化は長い取り組みになるため、次世代を担う子供たちへの教育が重要である。環境省の実証事業において、東京ガスと住環境計画研究所は、行動科学や教育分野の専門家の協力のもと、省エネ教育プログラムを開発し、協力校で実践した。いわゆる出前授業ではなく、教員が自ら授業を行えるように、開発した教材や指導案を提供した点が特長である。4年間に約1万人の生徒・児童（一部大学生を含む）を対象に実施し、家庭のCO_2排出量を約5％削減するとともに、教育効果の持続性や家族への間接的な影響を確認している[6]。昨今、持続可能な開発目標（SDGs）の理念を学校教育に取り込む動きが拡がっているが、こうした流れと脱炭素化の目標をふまえれば、省エネ教育を継続的かつ体系的に学校教育に導入していくべきと考えている。

3.6　生活ニーズの変化

　地球温暖化問題を議論するとき、これまでの生活を前提にすることが多いが、エネルギーを必要とする、さまざまな生活上の需要（ニーズ）自体も変化するものである。インターネットの本格的普及から四半世紀が経ち、この間の生活の激変については多くを語る必要はないだろう。

　一例だけ挙げると、スマートフォンやスマートスピーカーにさまざまな機能が集約され、ストリーミングサービスが普及するにしたがい、テレビや録画装置、ステレオセットなどのオーディオ機器の役割は減っていく。

　NHK放送文化研究所の国民生活時間調査（2020年）によると、50代以下の世代では、1日にテレビをみる人の割合が、5年前に比べ統計的に有意に低下している。とくに16〜19歳は71％から47％へ24ポイント、20代は69％から51％へ18ポイントも低下している[7]。若者はテレビをみない日が半分もあるということだ。こうした変化は今後も続き、家庭に必要なモノが徐々に変わっていくだろう。

　冷蔵庫や洗濯機などの白物家電はネット社会の影響を受けにくいが、単身世帯がますます増えていくなか、冷蔵庫や洗濯機が1家庭（1人）に1台備わっているべきだろうか、という疑問も浮かんでくる。自動車分野では、自動運転の実現が、マイカーからカーシェアへの移行の決定打となる可能性が指摘されている。

入浴についても温浴施設やトレーニング施設、介護サービス施設など、外での入浴の選択肢が増えるなかで、住宅から浴槽が無くなる日が来ても不思議ではない。とくに狭小な集合住宅では、浴室空間を有効活用するアイディアが出てくるかもしれない。

　こうした社会変化とともに、家庭での脱炭素化は構想されなければならない。それは大変難しい課題ではあるが、楽しい取組でもある。

＜参考文献＞

(1)　国立研究開発法人国立環境研究所、「温室効果ガスインベントリ／日本の温室効果ガス排出量データ」、https://www.nies.go.jp/gio/aboutghg/index.html、(accessed 2021-05-29)

(2)　環境省、「家庭部門の CO_2 排出実態統計調査（家庭 CO_2 統計）／平成31年度　家庭部門の CO_2 排出実態統計調査（確報値）」(e-Stat の統計表を含む)、http://www.env.go.jp/earth/ondanka/ghg/kateiCO₂tokei.html、(accessed 2021-05-29)

(3)　環境省、「ライフスタイル分野の取組」、中央環境審議会地球環境部会中長期の気候変動対策検討小委員会・産業構造審議会産業技術環境分科会地球環境小委員会地球温暖化対策検討 WG 合同会合（第6回）資料 3 - 2 - 2 、(2021年5月14日)

(4)　経済産業省・環境省、「2019年度における地球温暖化対策計画の進捗状況（経済産業省・環境省関係（概要版）」第50回 中央環境審議会地球環境部会・産業構造審議会産業技術環境分科会地球環境小委員会 合同会合（書面審議）資料3、(2021年3月9日)

(5)　平山翔ほか、「ホームエネルギーレポートによる省エネ効果の地域性・持続性に関する実証研究」、BECC JAPAN 2020発表資料、(2020年8月25日)

(6)　株式会社住環境計画研究所・東京ガス株式会社、「学校での省エネ教育が家庭の CO_2 排出量削減につながることを日本で初めて実証〜ナッジ理論を用いて約5％を削減〜」(ニュースリリース)、(2021年4月22日)

(7)　NHK 放送文化研究所、「国民生活時間調査2020生活の変化×メディア利用」、https://www.nhk.or.jp/bunken/research/yoron/pdf/20210521_1.pdf、(Accessed 2021-05-29)

第1部

第 2 章

家庭生活に伴う直接・間接 CO_2 排出と脱炭素型ライフスタイル

国立環境研究所　平野勇二郎、東京大学　井原智彦

　本章では生活者の消費行動に伴う CO_2 排出量の推計結果を紹介し、脱炭素型ライフスタイルの実現に向けた検討の方針を示した。これまでにもライフスタイル改善に関する提案は行われてきたが、その多くは生活者の省エネルギー行動の推進が中心であった。これに対して、ここでは生活者のエネルギー消費による直接 CO_2 排出と、製品やサービスの消費に伴い工場や事業所から排出される間接 CO_2 排出の両方を対象とし、世帯属性や地域特性による傾向を示した。次に消費行動ごとに集計した CO_2 排出量の例を示し、より CO_2 排出量が少ない行動を選択することによる脱炭素化の方策を提案した。

Keywords

ライフサイクル CO_2 排出

ライフスタイル、消費行動

1．はじめに

　脱炭素社会を実現するためには、大量消費社会における浪費型ライフスタイルから脱炭素型ライフスタイルへ転換することが重要である。これまでにも、都市において省エネルギー行動の推進やライフスタイル改善に向けた生活者への啓発活動などは数多く行われてきた。しかし、その多くは冷暖房の設定温度の見直しや、公共交通機関の利用促進などといった主に生活者による直接的なエネルギー消費に着目するものであった。実際には民生部門や運輸部門と比較し産業部門からの CO_2 排出は非常に多いため、生活者による直接的なエネルギー消費だけでなく、製品やサービスの購入に伴い工場や事業所から排出される CO_2 を削減することも重要である。本章ではこうした生活者側から見た直接・間接 CO_2 排出量をライフサイクル CO_2 排出と呼ぶ。ここで定義するライフサイクル CO_2 排出には製品の製造や輸送によるサプライチェーン全体の CO_2 排出を含むが、データの制約から廃棄時の CO_2 排出は含んでいない。推計方法の詳細は井原ほか（2009）を参照されたい。

　筆者らはこれまでに様々な観点から家庭生活に伴うライフサイクル CO_2 排出の算定を行った（例えば平野ほか、2017など）。本章ではその一例として、世帯属性や地域特性に着目した算定結果を紹介し、脱炭素型ライフスタイルを実現するための考え方を提案する。この他にも近年はこの分野の研究の進展は目覚ましく、例えば世帯属性に着目した分析は Shigetomi et al.（2021）、地域特性による分析は Kanemoto et al.（2020）などが最近の結果を報告しているが、本章ではあくまで筆者らの算定結果の紹介にとどめる。最近の研究動向の詳細は、例えば Shigetomi et al.（2021）のレビューが参考になる。また、本章で紹介するデータは新型コロナウイルス感染症（COVID-19）の流行以前の値である。直近の状況としては COVID-19 によりライフスタイルが大きく変化しているため、本章のデータを今後の脱炭素型ライフスタイルの設計に用いる際には今後のライフスタイルの変化を見極めて判断する必要がある。

2．生活行動に伴うライフサイクル CO_2 排出

　図 1 は生活行動に伴う世帯あたり CO_2 排出量である。ここには生活者のエネルギー消費による直接 CO_2 排出と、製品やサービスの消費による間接 CO_2 排出の両者が含まれている。消費項目別にみると「光熱・水道」が最も多く、「交通・通信」、「食料」の順で続いている。電力やガスなどのエネルギー消費に伴う CO_2 排出は「光熱・水道」、ガソリンは「交通・通信」に含まれるため、間接

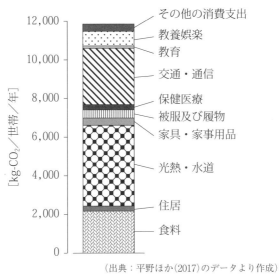

（出典：平野ほか(2017)のデータより作成）

図1　消費行動別 CO_2 排出量

CO_2 排出を含めて検討してもやはり生活者側の対策としては省エネルギーが重要であることは疑いない。

　そこで次に直接 CO_2 排出と間接 CO_2 排出を区別して**図2**に示した。なお、電力消費に伴う発電所からの CO_2 排出は間接 CO_2 排出に含まれるが、具体的な削減方策が省エネルギーであることや、ガスや灯油の消費と代替性がある用途が多いことなどから、他の製品やサービスの消費に伴う間接 CO_2 排出とは区別しておく方が検討しやすい。そこで**図2**では間接 CO_2 排出（電力消費）、間接 CO_2 排出（製品・サービス消費）として区別して表記した。また、「直接エネルギー消費による CO_2 排出」と表現した場合、ガスや灯油の消費による直接 CO_2 排出と、電力消費による間接 CO_2 排出の両者を含むものとする。この結果から、間接 CO_2 排出は直接 CO_2 排出を大きく上回っていることが分かる。また、直接 CO_2 排出と電力消費による間接 CO_2 排出を加えた消費者による直接エネルギー消費による CO_2 排出は、他の製品・サービス消費による間接 CO_2 排出と概ね同程度となった。したがって、これまでにも省エネルギー行動の推進は行われてきたが、これと併せて製品・サービスの消費行動を改善することにより間接 CO_2 排出を削減することも脱炭素型ライフスタイルの選択肢として検討するべきである。

　消費項目別 CO_2 排出を世帯人数別にみると、当然ながら世帯人数が多いほど CO_2 排出量は多い（**図3**）。とくに単身世帯の CO_2 排出量は際立って少ないが、

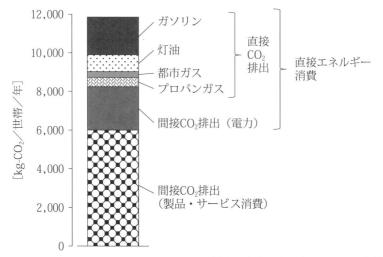

(出典：平野ほか(2017)のデータより作成)

図2　直接・間接およびエネルギー源別 CO_2 排出量

これは単身世帯では世帯人数が少ないことに加えて、日中に在宅者がいないケースが多いことなども影響していると考えられる。また、1人あたり CO_2 排出量では世帯人数が多いほど CO_2 排出量が少ない。これは、複数人で居住することにより家族間での物品の共有や、調理の効率化、空調スペースの集約化、給湯の熱（風呂の温水）の共有といった様々な形で効率化されているためであると見られる。

　次に世帯主の年齢階級別 CO_2 排出量を**図4**に示す。なお、統計データの制約によりこの推計には単身世帯は含まれていない。**図4**から CO_2 排出量は年齢とともに増加し、50〜59歳の階級において CO_2 排出量はピークとなるが、60歳以降では再び減少していることが分かる。これは収入の増加や子の誕生および成長とともに CO_2 排出量が増加し、定年退職や子の独立などを経て CO_2 排出量が再び減少するというライフステージに応じた変化である。このように CO_2 排出量の総量は年齢とともに傾向が変わるが、その用途別比率は一貫して世帯主の年齢が高くなるほど「食料」と「光熱・水道」による CO_2 排出量の割合が増加し、「交通・通信」による CO_2 排出量の割合が減少している点も特徴的である。これは主に年齢による在宅時間の違いを反映したものである。とくに「交通・通信」の減少は顕著であるが、生活者の移動の必要性は居住環境に強く依存するため、今後の高齢化社会において脱炭素型ライフスタイルへ誘導する都市設計がますます重要となるであろう。

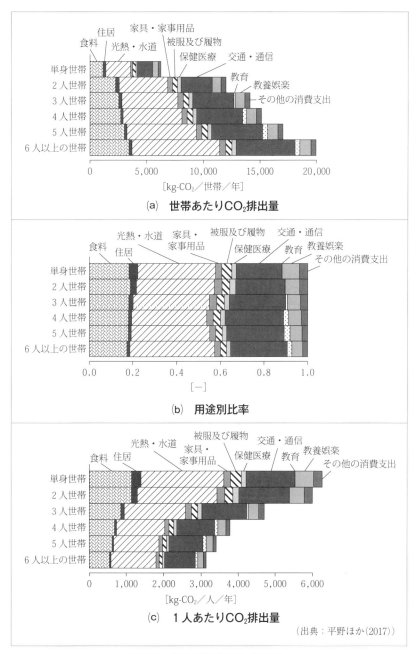

(a) 世帯あたりCO_2排出量

(b) 用途別比率

(c) 1人あたりCO_2排出量

(出典：平野ほか(2017))

図 3　世帯人数別 CO_2 排出量

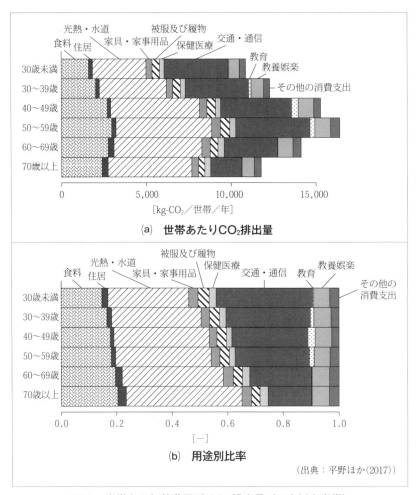

図4　世帯主の年齢階層別 CO₂ 排出量（二人以上世帯）

3．主要都市を対象とした比較

　図5は家計調査によりデータが得られる都市を対象として、消費行動別のライフサイクル CO₂ 排出量を都市別に集計したものである。この図から、全体として寒冷地ほど CO₂ 排出が多いことや、東京や大阪などの大都市圏の都市では

CO₂排出量が少ないことが分かる。消費項目別に見ると、寒冷地において「光熱・水道」のCO₂排出量が多い傾向が顕著に生じている。これは暖房・給湯などの温熱需要の影響が大きいためである。また、大都市においてCO₂排出量が少ない傾向は、「光熱・水道」および「交通・通信」の項目で顕著である。この理由は複数考えられるが、「光熱・水道」の項目については集合住宅の割合が高いことが一つの要因である。「光熱・水道」の項目は大半が直接エネルギー消費によるCO₂排出であるため、戸建住宅と集合住宅におけるエネルギー消費の傾向の違いについては1部1章を参照されたい。また、「交通・通信」の項目については、大都市において公共交通が普及していることや、建物の密集化により移動距離が短いことなどが影響していると考えられる。

　図6に主要都市の直接・間接CO₂排出量の内訳を示す。この図から直接エネルギー消費によるCO₂排出は平均的には製品・サービス消費による間接CO₂排出と同程度であるが、地域差が大きい。とくに寒冷地では灯油消費によるCO₂排出が多い。これは暖房および給湯の熱需要によるものである。また、前述した通り図5において大都市において「交通・通信」によるCO₂排出量が少ないことと対応し、大都市ではガソリン消費によるCO₂排出が少ない。

　図7に主要都市における直接エネルギー消費の用途（推計値）を示す。この図から、照明・動力のCO₂排出量が多く、直接エネルギー消費によるCO₂排出量の概ね半分程度を占めている。残り半分の中では暖房と給湯といった温熱需要が比較的多く、冷房や調理はこれらと比較して少ない。住宅の温熱需要は熱量は多いが、温度帯は大半が40〜50℃程度であるため、ヒートポンプ利用や太陽熱利用などを視野に入れて供給方法についても検討する価値がある。

　次に交通のCO₂排出について詳しく見ていきたい。交通は都市環境の設計に

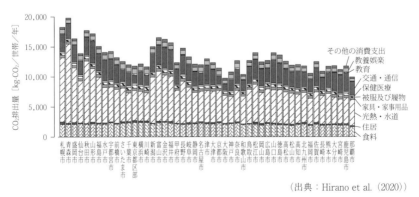

図5　全国49都市における消費行動別CO₂排出量（二人以上世帯）

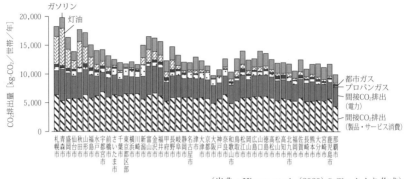

（出典：Hirano et al.（2020）のデータより作成）

図 6　直接・間接およびエネルギー源別 CO_2 排出量（二人以上世帯）

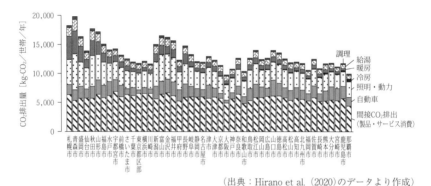

（出典：Hirano et al.（2020）のデータより作成）

図 7　エネルギー消費用途別 CO_2 排出量（二人以上世帯）

より脱炭素型ライフスタイルの実現を目指すためには、極めて重要な要素である。図 8 は「交通・通信」のうち、交通に関する項目をさらに詳細に示したものである。ただし、ここで対象とするのは生活者の交通に関する項目のみであり、物流や事業者の交通は含まない。図 8 において、自動車や関連部品の購入や整備等に伴う間接 CO_2 排出を統合して「自動車保有」としたが、この項目の大半は自動車製造時の CO_2 排出である。また、ガソリン消費による CO_2 排出量には、燃焼による直接 CO_2 排出と精製や輸送等による間接 CO_2 排出の両者を含んでいる。この図から、ガソリン消費による CO_2 排出量がとくに多いことが分かる。自動車保有に伴う CO_2 排出はガソリン消費による CO_2 排出の 5 分の 1 程度であるが、鉄道やバス等の公共交通による間接 CO_2 排出と比較するとやはり大きい。したがって、よく言われる通り、自動車から公共交通へ移行することが脱炭素化

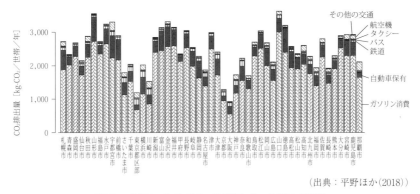

(出典：平野ほか(2018))

図8　交通による CO_2 排出量（二人以上世帯）

に向けた有効な方策になる可能性が高い。ただし交通は COVID-19 の影響を強く受けている分野であるため、実際の計画へ展開する際には今後の動向には注視する必要がある。また、世界的な潮流としてガソリン自動車から電気自動車への移行が進んでいることも大きな影響が生じるため、同様の評価を今後継続して行う必要がある。

4．脱炭素型ライフスタイル実現に向けて

これまでの検討により、省エネルギー行動の推進と併せて製品やサービスの消費に伴う間接 CO_2 排出の対策にも削減のポテンシャルがあることを示した。そこで次に現実的な生活者の視点から脱炭素型ライフスタイルを計画する方針について検討する。ただし、これまでに示した統計データに基づく推計は多世帯の集計値であるため、個々の消費行動レベルでライフサイクル CO_2 排出を把握することは難しい。そこで具体的な生活者のサンプルを選定し、生活行動に伴う直接・間接 CO_2 排出量を消費行動別に集計した（Hirano et al. 2016）。調査の詳細はここでは省略し、典型事例として食事方法、入浴方法、移動方法による CO_2 排出量の集計結果を紹介する（**図9**、**図10**、**図11**）。なお、これらは脱炭素型ライフスタイルを検討する際の考え方を示すための例である。実際にはこの調査はサンプル数や調査期間が限定的であるため、**図9～11**の個々の数値についてはさらに体系的な調査を行い一般化する必要がある。

まず食事方法について内食（自宅で調理）、中食（調理された食品を購入）、外食（飲食店）を1食あたりで比較したところ、この事例では外食の CO_2 排出量が中食、内食の約2倍ほど大きいという結果であった（**図9**）。ただし、この調

査では食事の内容を合わせて比較することができていないため、今後は調査事例を増やしてより一般的な知見を得る必要がある。また、直接 CO_2 排出は電子レンジや IH ヒーター、炊飯器などの機器の消費電力から算出しているが、保有機器にも強く依存するためこの点も調査事例を増やす必要がある。

　入浴方法については自宅の浴室と公衆浴場の CO_2 排出量を入浴 1 回あたりで

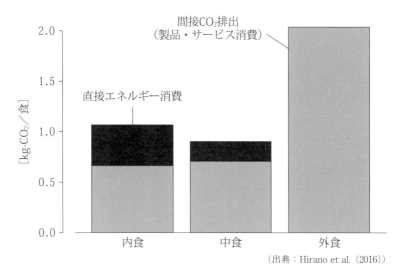

（出典：Hirano et al.（2016））

図 9　食事方法の比較

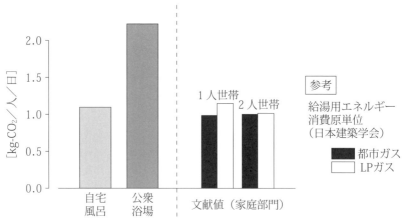

（出典：Hirano et al.（2016））

図10　入浴方法の比較

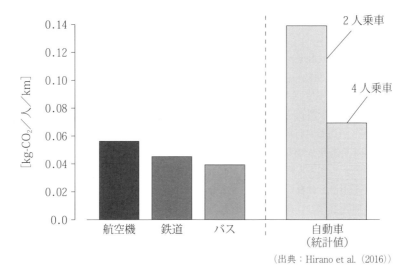

（出典：Hirano et al.（2016））

図11　移動方法の比較

比較したところ、今回の事例では公衆浴場の方が約２倍ほど大きいという結果となった（**図10**）。参考のため日本建築学会が調査した給湯用エネルギー消費原単位から同様に CO_2 排出量を算出したが、概ね同様の結果であった。公衆浴場では、多人数で熱エネルギーを共有するため効率化のポテンシャルがあると思われるが、一方で衛生面に配慮して多量の温水が消費されていることや、入浴客の有無に関わらず一定の温度に保つ必要があることなどから、非効率な運用にならざるを得ない面もある。これらの結果として、今回のケースでは需要に応じて適切な湯量で入浴できる自宅の浴室の方が高効率であった。ただし、公衆浴場におけるろ過技術や熱回収技術は進展しているため、今後も継続的な評価が必要である。

　移動方法について比較すると、今回のケースでは CO_2 排出量が大きい順に航空機、鉄道、バスであったが、その差は大きくはない（**図11**）。この調査においてサンプルとした生活者は自動車を利用していなかったため自動車の CO_2 排出量を統計値から算出した。この結果、４人乗車した場合でも他の交通手段よりも CO_2 排出量は大きく、乗車人数が少なければさらに大きいという結果となった。ただし、これは現状においてガソリン自動車を前提として算出した値であり、より高効率である電気自動車が普及すれば状況は変わるため、今後の動向に注視する必要がある。また、公共交通については平均的な金額あたり CO_2 排出量原単位と支払い額から間接 CO_2 排出量を算出しているが、実際には乗車率により人

キロあたり CO_2 排出量は大きく変わるため、この点もデータを充実させる必要がある。

　前述した通り、**図 9 ～11**の結果は脱炭素型ライフスタイルを検討する際の考え方を示すための例である。ここで提案する脱炭素型ライフスタイルの検討方針は、複数の代替手段があるサービス需要に対し、よりライフサイクル CO_2 排出量が少ない行動を選択するという方針である。脱炭素社会に向けてライフスタイルの見直しが必要であることはこれまでにも言われてきたが、提案される対策の多くは住まい方や、空調や給湯の使い方などの直接エネルギー消費に着目したものであった。もちろん今後の脱炭素社会を目指す上で生活者の省エネルギー行動が重要であることは疑いない。しかしながら、需要を抑制する対策では快適性・利便性を損なわずに提案できることには限界がある。そこで、今後も最大限の省エネルギーの努力を継続することはもちろん必須であるが、これと併せて CO_2 排出量が少ない行動を選択することも重要である。その際には、ライフサイクル CO_2 排出の評価が必要となる。例えば**図 9**では内食、中食、外食の直接・間接 CO_2 排出を比較したが、住宅の厨房は家庭部門、食品加工業は主に産業部門、飲食店は業務部門であるから、従来通りの民生・産業・運輸の部門に分けて検討する考え方ではこうした対策は評価できない。この例のように、個々の消費行動について部門を超えたサプライチェーン全体の CO_2 排出量を算定することにより、消費行動の選択肢を大幅に増やし、社会全体で CO_2 排出量が少ないライフスタイルへ導くことが可能となる。

　なお、前述した通り本章で紹介したデータは COVID-19 の感染拡大以前の値である。直近では COVID-19 がライフスタイルに及ぼした影響は大きいため、今後の動向を慎重に見極める必要がある。また、本章では言及できなかったが、近年は再生可能エネルギー技術や電気自動車、水素利活用などの技術革新と、電力小売自由化や建築物省エネ法などの制度面の変革がきわめて急速に進展している。もちろん技術や制度のみで脱炭素化を達成することは不可能であるから、今後もライフスタイルの改善に向けた努力は必要である。しかしながら、どういったライフスタイルに誘導することが CO_2 削減に結びつくかは技術や制度の状況に依存するため、この点も今後の動向を見極めながら検討を進める必要がある。

＜参考文献＞

⑴　井原智彦、本瀬良子、工藤祐揮、"産業連関表を用いた家計消費支出に伴う CO_2 排出解析の考察"．環境システム研究論文発表会講演集、Vol.37、pp.267-273（2009）
⑵　平野勇二郎、井原智彦、戸川卓哉、五味馨、奥岡桂次郎、小林元 "家庭における直接・間接 CO_2 推計に基づく低炭素型ライフスタイルの検討"、環境科学会誌、Vol.30、No.4、pp.261-273（2017）

⑶　Yosuke Shigetomi, Keiichiro Kanemoto, Yuki Yamamoto, Yasushi Kondo, "Quantifying the carbon footprint reduction potential of lifestyle choices in Japan". Environmental Research Letters, Vol.16, No.6 064022（2021）

⑷　Keiichiro Kanemoto, Yosuke Shigetomi, Nguyen Tien Hoang, Keijiro Okuoka, Daniel Moran, "Spatial variation in household consumption-basedcarbon emission inventories for 1200 Japanesecities". Environmental Research Letters, Vol.15, No.11 114053（2020）

⑸　Yujiro Hirano, Tomohiko Ihara, Masayuki ara Keita Honjo, "Estimation of Direct and Indirect Household CO_2 Emissions in 49 Japanese Cities with Consideration of Regional Conditions". Sustainability, Vol.12（2020）.

⑹　平野勇二郎、五味馨、戸川卓哉、有賀敏典、松橋啓介、藤田壮 "都市域の交通による CO_2 排出量と市街地密度の関係の分析"、土木学会論文集 G（環境）、Vol.74, No.6, pp.II_183-II_191（2018）

⑺　Yujiro Hirano, Tomohiko Ihara, Yukiko Yoshida, "Estimating Residential CO_2 Emissions based on Daily Activities and Consideration of Methods to Reduce Emissions". Building and Environment, Vol.103, pp.1-8（2016）

第1部

第 3 章

食システムの脱炭素化に
向けた食行動

電力中央研究所　木村宰

　食システムに起因する温室効果ガス（Greenhouse gases；GHG）排出量は世界の GHG 排出量の約 3 分の 1 に及ぶ。食システムにおける供給側と需要側のさまざまな GHG 削減策のうち、削減ポテンシャルが大きいと考えられているのが食行動変容、すなわち食品の過剰摂取の抑制、カーボンフットプリントが大きい畜産物の消費削減、そして植物由来食品へのシフトである。本章では、このような食行動変容を促す施策体系を紹介するとともに、自治体が率先的に取り組める対策として公共施設や学校給食への持続可能な食の導入について具体的な事例を交えて述べる。

Keywords

食行動

食システム、持続可能な食、行動変容

1．はじめに

　世界の温室効果ガス（Greenhouse gases；GHG）排出量の約3分の1が食システム、すなわち食料の生産から流通、消費に関わるシステムによって排出されていることをご存知だろうか[1]。GHG 排出の大半は家庭部門や産業部門、運輸部門によるエネルギー消費（特に化石燃料の消費）によって排出されていることを知る読者にとっては、食システムからの寄与がこのように大きいことに違和感を持つかも知れない。確かに、世界の GHG 排出量の7割以上は化石燃料消費に起因しており、農業部門は1割を占めるに過ぎない。しかし、世界では農地拡大のための森林伐採等が大規模に進行しており、そのような農業起因の土地利用改変によって大量の GHG が排出されている。さらに、食料の加工や流通、保存、調理、さらには廃棄に伴う GHG 排出も無視できない。これら食のサプライチェーン全てを全て含めると、世界の GHG 排出の約3分の1を占めることになる（**表1**）。

　食システムから排出される GHG のうち、大半は土地利用改変による CO_2 排出や反芻家畜（牛や羊）からのメタン排出等のエネルギー起源 CO_2 以外の GHG であるため、化石燃料を再生可能エネルギーに置き換えるだけでは削減できない[2]。このため、脱炭素社会の構築のためには、本書が論じてきたような再生可能エネルギー導入や EV 推進だけでなく、食システムの脱炭素化のための対策を別に講じる必要がある[3]。

　本章では、食システムからの脱炭素化の方策のうち、削減ポテンシャルが大きいと考えられている食行動変容（特に肉消費削減と菜食化）に焦点をあて、その推進策や自治体での対策事例を紹介する。なお、本章は筆者による既報[4]および環境省受託事業成果報告[5]を基にしている。

表1　食システムからの GHG 排出量

フェーズ	排出量 [Gt-CO_2 eq/年]	世界の GHG 排出量に占めるシェア
農業部門	6.2±1.4	9～14%
農業に起因する土地利用改変	4.9±2.5	5～14%
その他（加工、流通、廃棄等）	2.6～5.2	5～10%
合計	10.8～19.1	21～37%

（出典：IPCC（2019））

2．食システムの GHG 排出削減策と食行動変容

2.1　食システムの GHG 排出削減策とポテンシャル

　食システムの GHG 排出削減策には、大別して供給側の対策と需要側の対策がある[1]。供給側の対策とは、生産量当たりの GHG 排出量の削減または吸収量の増加をもたらす対策であり、品種改良等による生産効率の向上、集約化、土地利用改変の抑制、施肥管理や家畜排泄物管理の改善によるメタンガス等の排出抑制、土壌の炭素吸着促進、森林伐採抑制などが挙げられる[1]。

　一方、需要側の対策とは、生産された食品の流通および消費段階の対策である。具体的には世界の食糧生産の 3 分の 1 にも上るとされる食品ロスの削減[6]と消費者による食行動変容、すなわち食品の過剰摂取の抑制やカーボンフットプリントが大きい畜産物の消費削減、植物由来食品へのシフトである。

　これらの対策による GHG 削減可能量の推計は多数実施されており、食システムの脱炭素化にはこれらの対策全てが重要であること、そして特に食行動変容による削減ポテンシャルが大きいことが明らかになっている。そのような推計の代表例として、オクスフォード大学のスプリングマンらが Nature 誌に発表したものがある[7]。スプリングマンらは、2050年における農業部門 GHG 排出量を推計し、供給側の技術革新（生産性向上や集約化等）、食品ロスの削減、および食行動変容といった対策による削減ポテンシャルを分析した。それによると、食品ロス削減や供給側の技術革新は重要であるもののそれらの削減ポテンシャルは限定的であり、WHO 等が推奨する健康的な食事ガイドラインに沿った食事パターンへのシフト、そして肉や乳製品の消費削減と植物由来食へのシフトによる削減余地が非常に大きかった（図1）。これはあくまで技術的な削減ポテンシャルの推計であり、実際に行動変容をもたらすことは容易でないが、食システムの脱炭素化にはこのような食行動変容が不可欠と思われる。

2.2　食品のカーボンフットプリント

　なぜ肉や乳製品を削減し代わりに野菜や豆類等の植物由来食を摂取することが大きな GHG 削減につながるのか。それは、畜産物のカーボンフットプリントが植物由来食のそれに比べて大きいためである。この点についてはライフサイクルアセスメント（LCA）による多数の評価があり、単位栄養当たりの排出量でみれば植物由来食に比べて畜産物のカーボンフットプリントが非常に大きいこと、特に牛や羊といった反芻動物の肉のカーボンフットプリントが大きいことが確認されている[8]。近年の日本の主な食品のカーボンフットプリントの推計例を図2に示す[9]。食品のカーボンフットプリントは生産方法や流通手段により大きく変

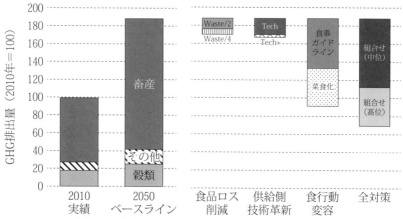

注：Waste/2：食品ロスを半減、Waste/4：食品ロスを1/4に、Tech：技術革新中位ケース、
Tech＋：技術革新高位ケース、食事ガイドライン：WHO等による食事ガイドラインに沿っ
た食事パターンの普及、菜食化：肉や乳製品を大幅に削減し植物由来食にシフト、組合せ（中
位）：Waste/2・Tech・食事ガイドラインの対策を組合せたケース、組合せ（高位）：Waste/4・
Tech＋・菜食化の対策を組合せたケースをそれぞれ示す。

（出典：Springmann et al.（2018））

図1　スプリングマンらによる食分野のGHG排出削減ポテンシャル推計

動する上、算定方法や条件によっても推計結果が大きく異なりうることに注意が
必要であるが、それらを考慮しても畜産物のカーボンフットプリントは植物性食
品より大きいとされている[10]。

2.3　菜食化は健康的か

　肉や乳製品の摂取を減らすことは栄養や健康の観点から問題ないのだろうか。
実は、"適切な"菜食化は栄養上問題なくむしろ健康増進の効果を持つことが医
学・栄養疫学の分野では確立されている[11]。例えば米国栄養士学会は、2016年に
学会誌上に発表したポジションペーパー[12]において、「適切に準備されたベジタ
リアン食（ビーガン食を含む）は、健康的で、十分な栄養があり、さまざまな疾
病の予防や治療にも利点がある」と結論している。このペーパーでレビューされ
ている通り、多数の栄養疫学研究によってベジタリアン食が肥満の予防・治療、
心疾患リスクの低下、高血圧の予防、糖尿病の予防・治療、発がんリスクの低下
に効果的であることが示されている[12]。

　ただし、「適切に準備された」という点には注意が必要である。特に、動物性
食品を一切摂らない「ビーガン」の場合、植物性食品に含まれないビタミンB12
や不足しやすいビタミンDなどを栄養強化食品やサプリメントで補う必要があ

GHG排出量 ［kg-CO₂ eq/kg］

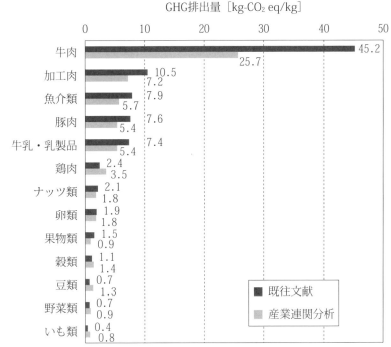

注：既往文献：既往推計の系統的レビューに基づく推計、産業連関分析：GLIO（Global Link Input-Output）モデルを用いた推計をそれぞれ示す。

（出典：Sugimoto et al.（2020））

図2　日本での主な食品のカーボンフットプリント
（食品重量当たり排出量）

る[10]。一方で、肉は摂らないが卵や乳製品は摂る「ラクト・オボ・ベジタリアン」、魚介類は摂る「ペスコ・ベジタリアン」、あるいは基本的には植物性食品を食べるが動物性食品も時折食べる「フレキシタリアン」の場合、たんぱく質やミネラル類など不足しがちな必須栄養素に注意しつつエネルギー量を満たすようバランスよく多品種の食品を摂ることができれば、上述の通り健康増進に効果的であるとされている[11]、[12]、[13]。

　実は、「必要な栄養素とエネルギー量を満たすようバランスよく多品種の食品を摂る」ことは、肉を食べるかどうかに関わらず誰しも注意すべき事柄である。例えば日本人の平均的な野菜摂取量（約280g）は健康増進のための目標値（350g）に過去10年以上達しておらず、また男性の3割、女性の2割程度が肥満とされている[14]。したがって、肉を食べる標準的な食事であってもバランスのよい食事を十分に心がける必要があるが、肉消費を減らし菜食化を進める場合も同

様に、あるいはやや別の観点から、注意が必要になるということである。

　世界第一線の栄養学者や環境学者が参加した EAT-Lancet 委員会[15]は、健康的でありかつ地球温暖化2℃目標等の環境目標と整合的な食事として「プラネタリー・ヘルス・ダイエット（Planetary Health Diet）」を提案している（**表2**）。その提案を1週間当たり摂取量に換算すると、牛肉や豚肉は100g 程度、鶏肉200g、魚介類200g 程度となり、現在の先進国での平均的な摂取水準よりかなり低い水準となる。ただし、これはあくまで欧米諸国の研究者が中心となって考案した健康的で持続可能な食の一例であり、提案者らも全世界でこれが採用されるべきと主張しているわけではない[15]。今後はこのような提案を参考に、各国・各地域がその状況に適した健康的で持続可能な食を構想し、それを促す対策を講じていく必要がある。

表2　EAT-Lancet 委員会が提案するプラネタリー・ヘルス・ダイエット
（1日2,500kcal の場合）

		摂取量 [g/日]（括弧内は許容範囲）		摂取エネルギー [kcal/日]
全粒穀物		232		811
根菜類		50	（0-100）	39
野菜		300	（200-600）	78
果物		200	（100-300）	126
乳製品		250	（0-500）	153
たんぱく源	牛・羊・豚	14	（0-28）	30
	鶏肉等	29	（0-58）	62
	卵	13	（0-25）	19
	魚介類	28	（0-100）	40
	豆類	75	（0-100）	284
	ナッツ	50	（0-75）	291
油脂	不飽和脂肪酸	40	（20-80）	354
	飽和脂肪酸	11.8	（0-11.8）	96
砂糖		31	（0-31）	120

（出典：EAT-Lancet Commission on Healthy Diets From Sustainable Food Systems（2019））

3．食行動変容を推進するための政策措置

　以上で述べたとおり、食システムの脱炭素化に向けて、食の供給側対策や食品ロス削減に加え、食行動変容すなわち肉消費の削減や菜食化の推進が今後求められる。以下では、世界各国での施策・取組事例から、そのような食行動変容を促す施策を5つに分類し具体的な事例を述べる（**表3**）。

表 3　健康的で脱炭素化に資する食行動変容を促すための施策体系

施策分類	具体例
基盤的施策	・食行動やその環境負荷に関する実態把握 ・ビジョン・長期目標・戦略の策定 ・新規技術の研究開発支援
規制的・行政的施策	・子供向け食品の広告規制 ・新規食品（代替肉等）の安全性や表示に関する規制 ・持続可能な食の政府調達（官公庁食堂・学校給食等）
経済的施策	・糖分や脂肪分への課税 ・食品への炭素税 ・持続可能な食品や農業への補助金
情報的施策	・食事ガイドライン ・食品ラベリング ・ベジタリアン食・ビーガン食の情報提供 ・キャンペーン・普及啓発（ミートレスマンデー等）
行動科学的施策（ナッジ）	・メニュー提示や配置の工夫 ・配分量や食器サイズの操作 ・デフォルト化　など

3.1　基盤的施策

　健康的でありかつ脱炭素化に向けた食行動変容を促すためには、まず食品の摂取状況やそれによる GHG 排出等の環境負荷、消費者の健康状態、その背景にある食のサプライチェーンや食文化など幅広い実態把握が必要であり、またそれに基づいて目指すべき方向性やビジョンを策定する必要がある[16]。その他、リスクの高い革新技術（フードテック等）の研究開発支援も重要な基盤的施策である。

3.2　規制的施策

　消費者の食行動を直接規制することは困難だが、事業者を対象とした規制や政府調達は重要な規制的・行政的施策である。例えば、子供をターゲットとしたジャンクフード等の広告に対する規制は多数の国で導入されている。また、後述するように GHG 排出が少ない持続可能な食を公共施設の食堂やカフェで積極的に調達したり、学校給食で採用したりすることも重要な施策である。

3.3　経済的施策

　食行動変容を促す経済的施策として、課税や補助金がある。例えば肥満抑制等の健康増進を目的にソフトドリンクを対象とする砂糖税を導入する国や地域は多く（米国、メキシコ、英国等）、後に廃止したものの肉や乳製品に含まれる飽和

脂肪酸への課税（脂肪税）を導入したデンマークのような例もある。また、農産物には既に多くの補助制度が存在し、主に生産拡大や農家の所得保障のために設計されているが、より健康的で環境負荷が低い農産物を相対的に優遇するよう再設計する余地がある。さらに、温暖化対策としての畜産物への課税については、現時点では実際に導入した国はないようだが、さまざまな試算がなされている。例えば前述のスプリングマンらは、世界の農産物に対して52ドル/t-CO$_2$ eq の炭素税を導入した場合、主に牛肉と牛乳の需要削減によって世界で1 Gt-CO$_2$ eq 程度の GHG 排出削減が達成されると推計している[17]。

3.4　情報的施策

　食行動変容を促す上で情報的施策は中核的な施策と言える。中でも、どのような食事が健康的かを最新の科学的知見に基づいて消費者に知らせることは極めて重要であり、多くの国で食事ガイドラインが策定されている。その際、健康視点だけでなく温暖化対策や持続可能性の視点からも消費者に情報提供することができれば、持続可能な食へのシフトを促すことができる。

　例えばスウェーデン政府が発行する食事ガイドラインでは、野菜・果物は健康のためにより多くの摂取を推奨する一方、赤肉（牛肉や豚肉）・加工肉については健康に悪影響があり温室効果ガス排出も大きいとして摂取削減を明確に推奨している[18]。ドイツ栄養協会が発行する食事ガイドラインも、健康や栄養に関する情報だけでなく持続可能性に関する情報を提供しており、肉の消費削減が健康面だけでなく環境面でもメリットがあることや環境負荷の低い食品選択のためのアドバイスを提供している[19]。このように菜食化を促す際は、上述の通り植物由来食品のみでは不足しがちな栄養素も存在することから、健康的なベジタリアン食やビーガン食についての情報提供も重要である。

　健康や環境、動物福祉への配慮から菜食を促すキャンペーンを実施する自治体もある。米国ではニューヨーク市やワシントンDC等の自治体が「ミートレスマンデー」と呼ばれるキャンペーンを導入しており、月曜日は肉を食べないことを市民や事業者に呼びかけたり、学校や自治体施設で菜食を推奨したりといった取り組みを行っている[20]。

3.5　行動科学的施策（ナッジ）

　ナッジとは、人間の理性的側面に働きかける情報的ないし教育的手法と異なり、人間の直感的な側面に働きかけて気づかないうちに行動を望ましい方向に導こうとするアプローチである[21]。医療や省エネ等の分野で活用が始まっているが、食行動でも既に多数の試みがなされている。例えば、ナッジの分野で「デ

フォルト化」（望ましい選択肢をデフォルトにすること）の手法は特に効果が大きいとされている。デンマークで開催された３つのビジネスカンファレンスにおいてランチのデフォルトをベジタリアンメニューとする無作為化比較実験を実施したところ、ベジタリアンメニューがデフォルトでない場合の同メニューの選択率は10％前後であったのに対し、ベジタリアンメニューがデフォルトの場合の選択率は90％程度であったという[22]。他にも、食器や食品の形状やサイズの工夫、食品ラベルや購買時における情報提示、食品の利用可能性の操作等によって健康的な食行動（摂取カロリー抑制等）を誘発できるとされている[21]。

4．都市や自治体での取り組み

　食システムの脱炭素化に向けて、自治体はどのような取り組みができるのだろうか。増大する都市人口に対して健康的な食へのアクセスを将来にわたって保障することは、都市にとっても重要な課題であり、世界の多くの都市が持続可能な食システムの構築に向けた取り組みを開始している。2015年のミラノ万博で採択された「都市食料政策ミラノ協定」には2021年５月現在200以上の都市が署名しており（日本からは京都市、大阪市、富山市、東京都が署名）、食の貧困の解消、都市農業の振興、生産者と消費者の交流、食品ロス削減などさまざまな取り組みを互いに報告している[23]。

　このように自治体は食システムのさまざまな段階やアクターに対して取り組むことができるが、本章は脱炭素化に向けた食行動変容が主題であることから、以下では自治体が取り組みやすい２つの対策を紹介する。

4.1　公共施設でのベジタリアンメニューの率先導入

　自治体が率先的に取り組める対策として、まず公共施設の食堂やカフェでのベジタリアンメニューの導入が挙げられる。肉や魚を用いたメニューは残しつつ、健康的かつ持続可能・脱炭素型の食としてベジタリアンメニューを提供することは多くの場合難しくないと考えられ、実際に日本でも政府官庁等が入居する中央合同庁舎の一部で導入されている[24]。

　ベジタリアンメニューを導入するだけではそれを選択する人は増えないのではないか、と思う人がいるかも知れない。しかし、行動科学によれば選択肢の利用可能性が向上するとその選択率が上がるとされている。実際、ケンブリッジ大学のカフェテリアで実施された実験[25]によると、メニューに占めるベジタリアンメニューの割合が25％から50％に増えるとそれらの選択率が２倍程度となった（**図３**）。この間、全体売上にはほとんど変化がなくディナーでの選択率にも影響がなかっ

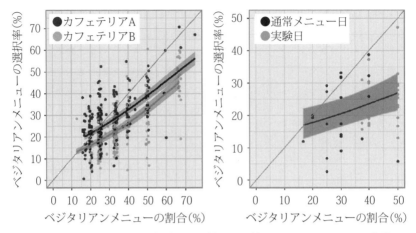

(a)　**カフェテリアA・Bの販売データ分析**　　(b)　**カフェテリアCでの実験**

注：a：成行きのベジタリアンメニュー割合とその選択率の関係の分析結果、b：2週間毎に
ベジタリアンメニューの割合を変更した実験結果、各グラフ中の点はランチ1回をそれぞれ
示す。

（出典：Garnett et al.（2019））

図3　ベジタリアン食の利用可能性の向上による選択率上昇：ケンブリッジ大の食堂での実験

たことからリバウンド効果（実験対象以外の食事でのベジタリアンメニューの低下）が観察されなかったという。このようなベジタリアンメニューの利用可能性の向上は、利用者の食選択への制約や過大な費用を要しない行動変容の促進策として有効と考えられる[25]。

4.2　学校給食への持続可能な食・低炭素型の食の導入

　近年、多くの学校が給食を通じた食育や地場産の食材活用、さらには食品ロス削減や食品廃棄物リサイクルに取り組んでいる[26]。しかし、より明確に持続可能性やGHG排出削減を考慮した給食に取り組んでいる学校はまだ少ないのではないだろうか。

　この点でスウェーデンのカロリンスカ研究所が行った研究プロジェクトが興味深い[27]。数件の小学校の協力を得て低炭素型の給食を実験的に導入したというものだが、特徴的なのは「環境」「健康」「文化的受容性」という3つを同時に実現するため最適化計算を用いて食事メニューを作成したことである。つまり栄養摂取基準を遵守し（健康）、また通常の食事メニューからの食品構成変化を最小限にしつつ（受容性）、GHG排出量を大きく削減できるような食品構成を最適化計算により求め、最終的には学校側の調理士等との調整を経てメニューを作成し

た。これを実際に小学校で導入したところ、栄養摂取基準を満たした食事ながらGHG排出量を40％削減し、食べ残しの量や満足度調査にも有意な変化がなかった[27]。

　このように健康、GHG削減、受容性、食育といったベクトルの異なる目的を同時に満たす給食を設計する余地はあり、そのような給食導入に関心のある学校も一部に存在すると思われる。今後、日本でも同様の取り組みが始まることを期待したい。

5．さいごに：食システムの脱炭素化に向けて

　食行動にはその人の嗜好やアイデンティティ、経済状況、生い立ち、文化的背景などさまざまな要素が複雑に影響するため、その変容を促すことは容易ではない。しかし、本章で述べた通り脱炭素社会の構築のためには食システムの大幅な変革が必要であり、そのためには消費者の食行動も大きく変容する必要がある。他方で、近年の食関連科学やフードテックの進展は目覚ましく、代替肉の普及や培養肉開発に象徴されるようなイノベーションや社会変革の機会も多数生まれているように思われる。それらを存分に活用することができれば、本章で述べたような大幅な食行動変容もいずれ実現できるのではないだろうか。

＜参考文献＞

(1) Intergovernmental Panel on Climate Change (IPCC), "Climate Change and Land: an IPCC special report on climate change, desertification, land degradation, sustainable land management, food security, and greenhouse gas fluxes in terrestrial ecosystems" (2019)

(2) M. Crippa et al., "Food systems are responsible for a third of global anthropogenic GHG emissions", Nature Food, Vol.2, No.3, pp.198-209 (2021)

(3) M. Clark et al., "Global food system emissions could preclude achieving the 1.5° and 2° C climate change targets", Science, Vol.370, No.6517, pp.705-708 (2020)

(4) 木村宰、B. Granier、"温暖化対策としての食行動変容：わが国における必要性と検討課題"、第36回エネルギーシステム・経済・環境コンファレンス講演論文集、pp.411-416 (2020)

(5) 環境省、"令和2年度民生部門における脱炭素化対策・施策検討委託業務成果報告書" (2021)

(6) Food and Agriculture Organization (FAO), "Food Wastage Footprint: Full-cost Accounting" (2014)

(7) M. Springmann et al., "Options for keeping the food system within environmental limits", Nature, Vol.562, No.7728, pp.519-525 (2018)

(8) D. Tilman, M. Clark, "Global diets link environmental sustainability and human health", Nature, Vol.515, No.7528, pp.518-522 (2014)

⑼　M. Sugimoto et al., "Diet-related greenhouse gas emissions and major food contributors among Japanese adults: comparison of different calculation methods", Public Health Nutrition, Vol.24, No.5, pp.973-983（2020）

⑽　J. Poore, T. Nemecek, "Reducing food's environmental impacts through producers and consumers", Science, Vol.360, No.6392, pp.987-992（2018）

⑾　蒲原聖、「ベジタリアンの医学」、平凡社（2005）。

⑿　V. Melina et al., "Position of the Academy of Nutrition and Dietetics: Vegetarian Diets", Journal of the Academy of Nutrition and Dietetics, Vol.116, No.12, pp.1970-1980（2016）

⒀　W. Willett et al., "Food in the Anthropocene: the EAT-Lancet Commission on healthy diets from sustainable food systems", The Lancet, Vol.393, No.10170, pp.447-492（2019）

⒁　厚生労働省、「令和元年国民健康・栄養調査結果の概要」（2020）

⒂　EAT-Lancet Commission on Healthy Diets From Sustainable Food Systems, "Summary Report of the EAT-Lancet Commission"（2019）

⒃　Food and Agriculture Organization（FAO）, World Health Organization（WHO）, "Sustainable healthy diets – Guiding principles."（2019）

⒄　M. Springmann et al., "Mitigation potential and global health impacts from emissions pricing of food commodities", Nature Climate Change, Vol.7, No.1, pp.69-74（2016）

⒅　Livsmedelsverket（スウェーデン食糧庁）,「Find your way to eat greener, not too much and be active」（2015）

⒆　DGE（ドイツ栄養協会）,「Vollwertig essen und trinken nach den 10 Regeln der DGE」, https://www.dge.de/index.php?id=52（accessed 2021-05-31）

⒇　The Monday Campaigns,「Go Meatless Monday — It's Good for You, and Good for the Planet」, https://www.meatlessmonday（accessed 2021-05-31）

㉑　Cadario & Chandon, "Which healthy eating nudges work best? A meta-analysis of field experiments", Marketing Science, Vol.39, No.3, pp.465-486（2020）

㉒　P. Hansen et al., "Nudging healthy and sustainable food choices: three randomized controlled field experiments using a vegetarian lunch-default as a normative signal", Journal of Public Health, Fdz154（2019）

㉓　Milan Urban Food Policy Pact,「MUFPP: Local solutions for global issues」, https://www.milanurbanfoodpolicypact.org（accessed 2021-05-31）

㉔　NHK,「地球を救う？「ヴィーガン」ランチ」, https://www.nhk.or.jp/politics/salameshi/23446.html（accessed 2021-05-31）

㉕　E. Garnett et al., "Impact of increasing vegetarian availability on meal selection and sales in cafeterias", Proceedings of the National Academy of Sciences, Vol.116, No.42, pp.20923-20929（2019）

㉖　農林水産省、「平成27年度食育白書」（2015）

㉗　P. Eustachio Colombo et al., "Sustainable and acceptable school meals through optimization analysis: an intervention study", Nutrition Journal, Vol.19, No.1（2020）

第1部

第 4 章

電化とデジタル化が進む
都市の脱炭素化を担う送電網

地球環境戦略研究機関　栗山昭久、劉憲兵

　持続可能性が高い脱炭素化社会の実現には、人々の生活の変化、再生可能エネルギー（以下、再エネ）利用増加、電化や省エネ技術促進、デジタルトランスフォーメーション技術普及が有効である。このような社会の実現に向けて、人口及び経済活動が集中する都市部においては、第一に、電力を中心としたエネルギーを「賢く」使うような絵姿や戦略が必要となる。第二に、脱炭素化社会における都市部の電力需要を満たすために必要な再エネ量を確保する。第三に、再エネを有効的に利用するために、地域連系線を含む既存電力系統を効率的に運用することを前提に、補強が必要な部分を増強していくといった最適化が不可欠となる。

Keywords

都市、脱炭素化
再生可能エネルギー、電化、電力系統、効率的利用

1．脱炭素化（ネット・ゼロ）の社会像

　IGES（Institute for Global Environmental Strategies、公益財団法人地球環境戦略研究機関）では、2020年6月に研究レポート「ネット・ゼロという世界-2050年日本（試案）」[1]を日本国内で先駆けて公表した。本レポートでは、2050年の脱炭素化（ネット・ゼロ）を達成した日本社会（以下、ネット・ゼロの世界）を展望するための論点を整理した上で、その世界がどのようなものかを、都市と地域、暮らし、産業、農林水産業、適応等の多方面から描き、ネット・ゼロの世界に対する人々の理解を促すことに努めた。特に、ネット・ゼロに到達した世界を気候変動やエネルギー問題の視点のみから展望するのは不十分であると想定し、少子高齢化やデジタル化のような社会・技術変化、廃棄物・海洋プラスチック問題等の資源循環にかかわる事項、並びに貧困やヘルスケア、教育、働く環境といった様々な課題も同時に考え、社会全体を変革していく必要があることを示した。

　そのアプローチとして、様々な事情により社会変革がほとんど起きないロックインシナリオと、国際的動向や国内の社会問題、技術の進展に応じて、既存の管理制度、経済構造、インフラなど重要な社会的要素を変革していくトランジションシナリオを描いた（シナリオの詳細はIGESのレポートに参照）。この二つのシナリオについて、再エネポテンシャル、CO_2貯留ポテンシャル、並びに化石燃料輸入量について推計したところ、トランジションシナリオは、エネルギー利用の効率化を徹底したことによって国内のエネルギー消費を再エネで賄えること、CO_2貯留に関するリスクが少ないこと、また海外の化石燃料依存脱却によるエネルギー・セキュリティー向上に寄与することから、より持続可能性のあるシナリオと結論づけた。

　トランジションシナリオにおける重要な技術的要素は、再エネ、電化、DX（Digital Transformation、デジタルトランスフォーメーション）の3つに整理される。これらの技術的要素を大いに生かし様々な社会変化を起こし、CO_2排出削減のみならず、循環型社会、地域循環共生圏、地産地消など持続可能な社会が構築される。すなわち、技術的な発明（インベンション）のみならず、既存技術やシステムの組み合わせ（イノベーション）が様々な分野で起こる必要性がある。DXや電化によって、エネルギーやサービスの供給側（生産者側）だけではなく、需要側（消費者側）も変化する。このような変化を概念的に示したのが、**図1**である。GHG（Greenhouse gas、温室効果ガス）を現水準比80％程度削減する低炭素社会の実現には、**図1**の第1象限に書かれるGHG削減に直接貢献する企業を中心とした活動（国からの支援を含む）や、第4象限に家庭部門や業務

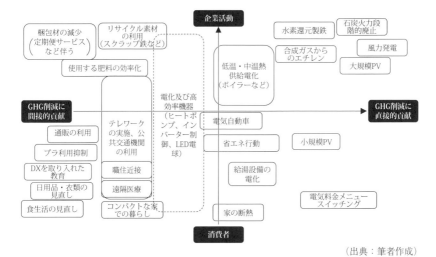

（出典：筆者作成）

図1　ネット・ゼロの世界の達成に資する対策例とその関係性（概念図）

部門における省エネルギー（以下、省エネ）や小規模再エネを含む取り組みが中心的であった。しかし、GHG の正味排出量をゼロにするネット・ゼロの世界では、第2象限や第3象限にある GHG を間接的に削減する様々な活動を取り入れることが不可欠である。例えば、DX によって、遠隔医療、デジタルコンテンツを活用した教育、テレワークの主流化、シェアリングを含む長期間の製品・サービス利用の実現に代表されるように人々の生活のありとあらゆるものが変化する。そして、街づくりなど都市における人々の暮らしの在り方から議論し、取り組んでいく必要がある。これには、気候変動問題だけではなく、少子高齢化、労働環境、教育環境など人々が直面する様々な課題も取り入れた視点が必要である。

2．脱炭素化（ネット・ゼロ）の都市型ライフスタイルの姿

　IGES では GHG を間接的に削減する生活の変化をより具体的にすることを目的に、九都県市[1]脱炭素ビジョン（都市型ライフスタイル）の共通調査[2]を行い、

1　九都県市は埼玉県、千葉県、東京都、神奈川県、横浜市、川崎市、千葉市、さいたま市、相模原市で構成される。これらの自治体が共同して広域的な課題に積極的に取り組むことを目的とする九都県市首脳会議などがある。

「家にいる時間」、「移動する時間」、「外での時間」の3つの場面から脱炭素社会を描いた。人々の時間に着目した背景として、人々の行動は必ずしも脱炭素化に意識しているわけではなく、むしろ、日々直面する暮らしや仕事をよりよくするために意識が向いていることである。そのため、暮らしの中で、人々が「変化」を与える行動や意思決定をする際に、脱炭素化と整合する暮らしとなるような生活に誘導することが必要と考えられる。このような動機から、それらを描く際には、「将来の絵姿」のみならず、「同時解決事項」と「GHG削減への貢献」を描

表1　九都県市脱炭素ビジョン(都市型ライフスタイル)共通調査における人々の生活時間に着目したネットゼロの世界の絵姿一覧

大分類	小分類
家にいる時間	・脱炭素ライフスタイルと整合する家の機能 ・在宅勤務する時間 ・自宅学習する時間 ・育児・教育・介護の時間 ・料理と食事にかかわる時間 ・入浴する時間 ・衣類にかかわる時間 ・家で娯楽を楽しむ時間 ・日用品に関わる時間
移動する時間	・自家乗用車並びにシェアリングによる移動（一例として、本文にて説明） ・公共交通としての自動車、シェアリング専用小型自動車、バス、新交通システムによる移動 ・徒歩、自転車など新たな一人用移動支援機器（パーソナルモビリティ）による移動 ・鉄道による移動
外での時間	・オフィスなどのデスクワークができる環境で働く時間 ・工場・倉庫・工房で働く時間 ・建設現場で働く時間 ・訪問先で働く時間 ・商店・販売所で働く時間 ・飲食店で働く時間 ・医療福祉施設で働く時間 ・輸送・運送機械に関して働く時間 ・農地・林地・漁場・水産場で働く時間 ・外で勉強する時間 ・趣味などで外で過ごす時間

(出典：九都県市地球温暖化対策特別部会脱炭素WG[2])

写した（**表1**参照）。

　生活時間に着目したネット・ゼロの世界の絵姿の一例として、「自家乗用車並びにシェアリングによる移動」の将来の絵姿を取り上げる。その内容は、「EV（Electric Vehicle、電気自動車）の電池は、常用時にはVPP（Virtual Power Plant、バーチャル・パワー・プラント）としてディマンドレスポンスの機能を有し、非常時のエネルギー源となっている」、「乗用車の屋根だけでなくボンネットや側面にも太陽光発電がつけられており、給電なしでも30km程度は走行できる」、「外出の際は、基本的に自動運転で移動する。移動先には給電設備があり、充電の心配をする必要が少ない」、「スマホやウエアラブルのような端末で目的や嗜好を選択すると、シェアリング可能な乗用車の利用も含めて、目的地までの移動ルートが複数提示される（自家乗用車を持っている人の行き先やシェアリング許可の意向等を勘案）」などの絵姿が描かれている。これにより、エネルギーの自立や交通事故の削減が同時解決事項として考えられる。そして、ガソリン、ディーゼル燃料由来のCO_2削減が期待できるというものである。

　なお、上述のIGES研究レポートでは、暮らしの変化（すなわち、消費者側）のみならず生産者側（すなわち、重化学工業を含む企業側）の変化も表している。ここでも、循環型経済の発展に伴う高度な資源利用、再エネを用いた電力や再エネ由来の水素利用を想定した。脱炭素化社会における生産者側の取り組みは、「ネット・ゼロという世界-2050年日本（試案）」[1]や重化学工業の脱炭素技術が記載されるFraunhoferレポート[3]、Energy Transition Committee資料[4]~[8]及びその日本語要約[9]、OECDレポート[10]、ITFレポート[11]を参照されたい。

3．脱炭素（ネット・ゼロ）のエネルギー消費量と再エネポテンシャル

　上述のIGES研究レポートでは、各シナリオに対して、GHG排出量（**図2**）、最終エネルギー消費量（部門別結果を含む）、発電電力量（**図3**）などを試算している。様々な社会的要素を変革していくトランジションシナリオにおける2050年の最終エネルギー消費量は2015年の62%と計算される。これはマテリアル利用の変化によってエネルギー需要が変化しているとともに、全ての部門においてエネルギー利用の最適化や電化の促進によってエネルギーが効率的に利用されているためである。その結果、**図3**に示されるように、トランジションシナリオにおける2050年の発電電力量は、2013年値の約2倍程度必要となる。また、**図3**には、複数の文献が示す日本国内の再エネポテンシャルの推計範囲を棒グラフに重ねて示している。トランジションシナリオにおける2050年の発電電力量は、再エ

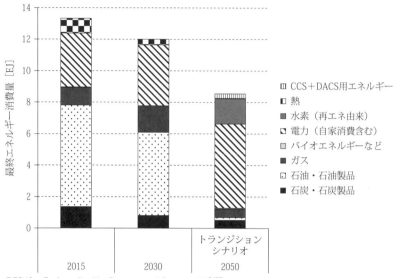

CCS は、Carbon dioxide Capture and Storage の略語。
DACS は、Direct Air Capture and Storage の略語。

(出典：IGES[1])

図2　2015年実績値、2030年削減目標（2015年時点）における想定値、IGES 研究レポートが示すネット・ゼロの世界における最終エネルギー消費量比較

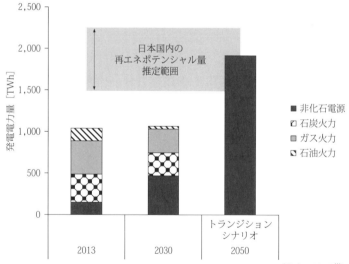

(出典：IGES[1])

図3　2013年実績値、2030年削減目標（2015年時点）における想定値、IGES 研究レポートが示すネット・ゼロの世界における発電電力量と再エネポテンシャルとの比較

ネポテンシャルの最下位よりも大きく、最大値よりも小さい。従って、トランジションシナリオにおける電力需要をすべて日本国内の再エネで満たすことは容易ではないが、再エネの導入量を増やす様々な取り組み[2]が大きく進めることができる場合、不可能でもないと示唆される。

4．再エネの拡大に依存する都市脱炭素化の課題

　2節で論じた通り、再エネをベースとしたネット・ゼロの世界を構築した場合でも、日本が必要とするエネルギーが足りうる。しかし、日本の再エネポテンシャルの中で大きな割合を占める陸上・洋上風力発電については、北海道地域、東北地域、九州地域に多く存在し、洋上風力の促進区域の指定がすすめられている[12～14]一方で、これらの再エネ発電電力は人口や需要が多い関東地域、関西地域、中部地域などに送電する必要がある。したがって、地方地域のエネルギーや電力の需給を描く事例として、IGESが立地する神奈川県におけるネット・ゼロの世界を描いてみた。なお、神奈川県版ネット・ゼロの世界は、上述のIGES研究レポートで計算したパラメータを神奈川県内のエネルギー関連データに当てはめて計算したものである。

　神奈川県版ネット・ゼロの世界では、神奈川県内の業務部門、家庭部門の最終エネルギー消費量は、断熱性能の向上や建物のコンパクト化の効果により2015年の5～7割程度になり、使用するエネルギーがすべて電力（太陽光発電などの自家消費分含む）となっている。運輸部門のうち乗用車は、車両の電動化や働き方の変化、シェアリングなどの移動モードの変化により最終エネルギー消費量が2015年比で9割減となり、使用するエネルギーも石油製品から電力に変わる。貨物自動車は、2015年比で6割減となり、使用するエネルギーは石油製品から電力と一部ガス及び再エネ由来の水素になる。鉄道においては、最終エネルギー消費量が多少減少するが、大きな変化はない。船舶（旅客と貨物の合計）については、最終エネルギー消費量が2015年比で4割減となり、使用するエネルギーとして、電力、ガス、アンモニア（再エネ由来）が使用されている。農林水産業においても使用するエネルギーが電化している。

　重化学工業のうち、鉄鋼と化学部門は、電化や再エネ由来の水素利用が進むものの、石炭、石油、ガスの利用が一部残る。一方で、窯業と紙・パルプ部門は電

2　太陽光発電の発電効率の改善や、駐車場や道路の路面への太陽光発電システムの設置、洋上風力に関する技術革新、小型風力発電、潮力・波力といったこれまで採算性が低いとされてきたエネルギー源の利用、あるいは、地元住民の協力が必要な技術、技術革新や新しいアイディアを実現させるような取り組み。

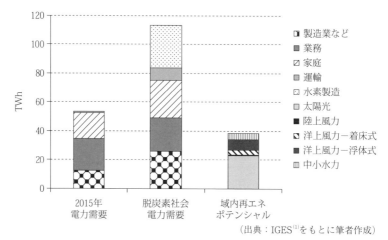

（出典：IGES[1]をもとに筆者作成）

図4　神奈川県の電力需要と県内の再エネポテンシャル比較

化が大きく進んでいる。重化学工業以外の製造業においても、電化が進み、電化や生産プロセスの改善によって最終エネルギー消費量が2015年比の4割減となる。

図4に2015年及び脱炭素化社会達成時の神奈川県内の電力需要及び域内再エネ導入ポテンシャルを示した。神奈川県内の再エネ導入ポテンシャルは、太陽光、陸上風力、洋上風力などを合計して約38TWhである。一方で、脱炭素化社会における電力需要は112TWhであることから神奈川県内の再エネ導入ポテンシャルは、神奈川県版ネット・ゼロの世界における電力需要の1/3程度である。

従って、大都市や重化学工業を抱える神奈川県内において、家庭、業務部門だけでなく、運輸、製造業などすべての部門でネット・ゼロを達成するには、県内の再エネのみならず、県外からの再エネの利用が不可欠である。

5．最大限の再エネ拡大に資する地域間連系線を含む電力系統の最適化

地域内外で再エネの最大限に導入のためには、地域間連系線及び各一般送配電事業者の地内基幹送電線を通じて電力を送電する必要となる。しかし、**図5**に示すとおり、各電力会社が公表する系統空き容量マッピング[15]〜[17]では、多くの基幹系統の送電線は「空き容量なし」とされている。特に、東日本地域における洋上風力発電の促進区域付近の送電線はいずれも「空き容量なし」となっている。従って、現行制度では北海道、東北地域における再エネによる発電電力を神奈川

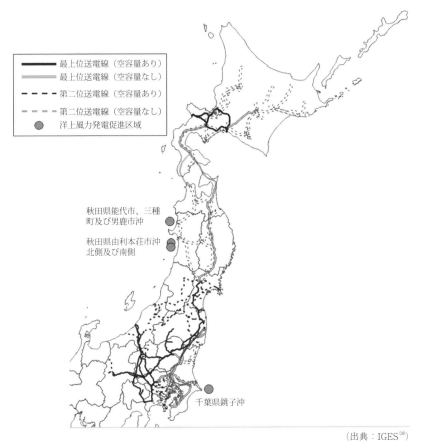

凡例
━━━　最上位送電線（空容量あり）
＝＝＝　最上位送電線（空容量なし）
－－－　第二位送電線（空容量あり）
－ － －　第二位送電線（空容量なし）
●　洋上風力発電促進区域

秋田県能代市、三種
町及び男鹿市沖

秋田県由利本荘市沖
北側及び南側

千葉県銚子沖

（出典：IGES[18]）

図 5　東日本地域における基幹送電線概要図及び洋上風力促進区域の位置

県を含む関東地域内に送電することに制約があるため、電力系統の運用制度及び
設備両面での改善が必要と考えられる。

　第一に、制度面については、より細かな実潮流に基づく送電系統運用[3]によっ
て既存の送電設備を効率的に運用できるように改革することである。これによ
り、既存の基幹送電線の容量でも、少なくとも陸上風力を12GW（2018年度の 6
倍）、洋上風力を 8 GW（2018年度は導入実績なし）、太陽光発電の設備容量を

3　「実潮流に基づく送電系統運用」とは、送電線の輸送電力を時々刻々と計算し、その結果に
　基づく30分毎からリアルタイムに近い時間帯で送電線の運用容量の管理を行う運用の意味で
　用いる。

42GW（2018年度の２倍）に増加させても、神奈川県含む関東の大需要地に送電できる可能性が指摘されている[18]。実際に、経済産業省総合資源エネルギー調査会基本政策分科会（第41回会合）[19]では、送電線利用・出力制御ルールの見直しの状況が議論されており、このような制度改革を着実かつ迅速に進めることが効果的と考えられる。

　第二に、設備面の改善については、制度面を改善しても、再エネを需要地に送る際に制約となる箇所を増強することである。制約となる箇所は、風力発電施設から基幹送電線までの送電線、地内基幹送電線、連系線など様々な箇所で発生しうる。そのため、将来の電力需要と再エネポテンシャルの立地を加味して電力の需給構造を加味したシミュレーションなどの定量的な分析とともに送電制約となる箇所を特定し、それに対する対策を検討することが有効であると考えられる。

＜参考文献＞

⑴　川上毅、栗山昭久、有野洋輔、ネット・ゼロという世界 -2050年日本（試案）、葉山、2020.

⑵　九都県市地球温暖化対策特別部会脱炭素 WG、令和２年度九都県市共通調査脱炭素ビジョン（都市型ライフスタイル）調査報告概要、2021. http://www.tokenshi-kankyo.jp/report/report4.html.

⑶　Fraunhofer ISI, Industrial Innovation Part 1: Technology Analysis, Fraunhofer Institute for Systems and Innovation Research (ISI), Karlsruhe, Germany, 2019.

⑷　ETC, Reaching zero carbon emissions from Steel, Energy Transitions Commission, 2019.

⑸　ETC, Reaching zero carbon emissions from Plastics, Energy Transitions Comission, 2019.

⑹　ETC, Reaching zero carbon emissions from Cement, Energy Transitions Comission, 2019.

⑺　ETC, Reaching zero carbon emissions from Heavy Road Transport, Energy Transitions Comission, 2019.

⑻　ETC, Reaching zero carbon emissions from Shipping, Energy Transitions Comission, 2019.

⑼　栗山昭久、浅川賢司、重化学工業部門、輸送部門における炭素中立化は技術的および経済的に実現可能－エネルギー移行委員会による報告書 "達成可能なミッション" からの主要メッセージ－、葉山、2019.

⑽　C. Bataille, Low and zero emissions in the steel and cement industries, 2020. https://www.oecd-ilibrary.org/content/paper/5ccf8e33-en.

⑾　ITF, ITF Transport Outlook 2019, OECD, OECD Publishing, Paris, 2019. https://doi.org/10.1787/transp_outlook-en-2019-en.

⑿　T. Wakiyama, A. Kuriyama, Assessment of renewable energy expansion potential and its implications on reforming Japan's electricity system, Energy Policy. 115 (2018) 302-316. https://doi.org/10.1016/j.enpol.2018.01.024.

⒀　環境省、REPOS（再生可能エネルギー情報提供システム）、(2019). http://www.renewable-energy-potential.env.go.jp/RenewableEnergy/index.html.

⒁　洋上風力の産業競争力強化に向けた官民協議会、洋上風力産業ビジョン、東京、2020.

⒂　北海道電力ネットワーク株式会社、系統空容量マップ（187kV 以上）、札幌、2020. https://www.hepco.co.jp/network/con_service/public_document/bid_info.html.

⒃　東北電力ネットワーク株式会社、電力系統図（1次系）、2020. https://nw.tohoku-epco. co.jp/consignment/system/announcement/pdf/5001.pdf.

⒄　東京電力パワーグリッド株式会社、空容量マッピング、2020.

⒅　栗山昭久、劉憲兵、内藤克彦、津久井あきび、実潮流に基づく送電系統運用を行った場合の東日本の再生可能エネルギー導入量評価、葉山、2021. https://www.iges.or.jp/jp/pub/psa-east/ja-0.

⒆　資源エネルギー庁、2030年に向けたエネルギー政策の在り方、2021. https://www.enecho. meti.go.jp/committee/council/basic_policy_subcommittee/2021/041/.

第1部

第 5 章

都市地域炭素マッピング： 時空間詳細な CO_2 排出量の 可視化

慶應義塾大学　山形与志樹、東京大学　吉田崇紘

　都市・地域における脱炭素化を進めていくための第一歩として、現状の二酸化炭素（carbon dioxide, CO_2）排出量の時空間分布の詳細を把握することが重要である。近年のセンサ観測技術の向上と普及に伴い、住宅・業務・交通といった様々な排出源の動向を細かな時間粒度、空間解像度のビッグデータによって捉えることが可能となってきている。本章では、ビッグデータを用いた活動量解析を様々な情報と組み合わせることで個別建物・道路単位、1時間単位の CO_2 排出量を可視化する「都市地域炭素マッピング」を紹介する。また、将来の脱炭素化技術の導入や建築物と交通における電力シェアリングによる CO_2 排出量削減ポテンシャルを評価する統合シミュレーションを核とした「都市システムデザイン」についても紹介する。

Keywords

都市地域炭素マッピング

ビッグデータ、建築物、道路

1．はじめに

　人々の行動やライフスタイルは、エネルギー消費とCO_2排出量に大きく影響している。多くの人が集まり社会経済活動の盛んな都市において、その影響は顕著である。IPCC（2014）は、成り行き（ベースライン）シナリオと比較して、緩和シナリオにおける2050年の最終エネルギー需要の削減余地は、建築部門が35〜45％、輸送部門が10〜45％との結果を報告している。

　人々に脱炭素化に向けた行動を喚起するためには、人々が把握できる規模や単位でのCO_2排出量の可視化が重要である。通勤・通学や業務といった日常の行動により、どの程度のCO_2排出量があるのか、また、太陽光発電（photovoltaic, PV）パネルや電気自動車（electric vehicle, EV）などの脱炭素化技術導入によるCO_2排出量の削減ポテンシャルがどの程度あるのかを、細かな時間粒度・空間解像度で表現可能な「都市地域炭素マッピング（urban carbon mapping）」（Gurney et al., 2015；Yamagata et al., 2017；2018）は、CO_2排出量の時空間分布の現状や削減に向けた将来ポテンシャルの把握に有効である。本章ではまず、この都市地域炭素マッピング手法について紹介する。そして、新たなライフスタイルやモビリティサービスによる街区開発シナリオや、PV と EV の電力シェアリングなどの今後の脱炭素化に向けた削減ポテンシャルを建築エネルギーと交通の相互作用を考慮した統合シミュレーションによって評価する「都市システムデザイン（urban systems design）」（Yamagata and Yang, 2020）のコンセプトについて紹介する。

2．都市地域炭素マッピング

2.1　概要

　気候変動が進行する中、都市・地域単位でのCO_2排出量の管理に関心が高まっている。2015年に採択された気候変動に関する国際的枠組みであるパリ協定では、温室効果ガスの削減目標が提示され、世界の主要228都市が大規模削減を誓約するなど、国より詳細な空間単位でのCO_2排出量の管理・削減に向けた動きが加速している。「都市地域炭素マッピング」は、建築物や交通の基礎情報や統計調査によって公表されている排出原単位に加えて、近年収集可能になってきた携帯端末位置情報に代表されるビッグデータを活動量として利用することによって、細かな時間粒度・空間解像度でCO_2排出量を評価する手法である（**図1**）。この手法の嚆矢である Gurney et al.（2015）は、都市地域炭素マッピングは、CO_2排出量を人々が把握できる規模や単位（human scale）で評価することに

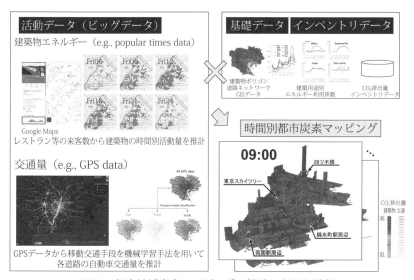

図1　都市地域炭素マッピングの推計に必要な情報

よって、効果的な脱炭素化政策の立案、政策の効果検証、排出のホットスポット検出などに有効であると述べている。

2.2　東京都墨田区における適用例

　図2は、東京都墨田区、2018年10月平均を対象とした都市地域炭素マッピングの適用例である。通勤・通学の時間帯である6時は、建築物より道路からの CO_2 排出量が大きいが、出勤・登校後の9、12、15時は転じて建築物からの CO_2 排出量が大きいことがわかる。また、18時以降は、繁華街である錦糸町駅周辺の CO_2 排出量が大きいことも確認できる。都市地域炭素マッピングは、このように都市・地域における CO_2 排出量のパターン、あるいはリズムを時空間詳細に見える化することが可能であり、また、国や自治体といった対象だけでなく人々も対象にした CO_2 排出量の把握、そして脱炭素化の喚起に活用することが可能である。

　このマッピングを行う際には、様々なビッグデータを収集整備し利用している。建築物エネルギーについては、建物の利用人口分布を表す代理変数として、Google LLC が提供しているデジタル地図サービス Google Maps に掲載されている店舗などの POI（point of interest）の混雑度を表す Popular times を利用している（Yoshida et al., 2017）。交通量については株式会社アグープ、株式会社ブログウォッチャー、株式会社ドコモ・インサイトマーケティングから収集した携

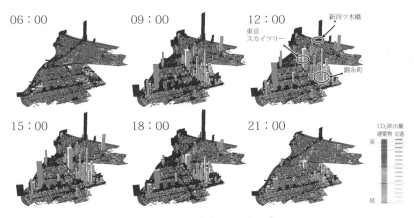

図2　東京都墨田区における都市地域炭素マッピング
(各建築物・道路の時間別CO_2排出量の大小を色と高さで表現している。)

帯端末位置情報を利用している。携帯端末位置情報は通常、位置情報と時刻情報のみを含んだデータであるため、道路別のCO_2排出量を推計するためには、データから自動車を利用しているデータを抽出する必要がある。このため、位置情報の軌跡記録のされ方から交通モード判別を行う機械学習モデルを構築し、道路別の自動車交通量を推計しマッピングに用いている。詳しくはYamagata and Seya（2020）を参照されたい。

2.3　新型コロナウイルス感染症流行によるCO_2排出量の変化

　東京都23区における新型コロナウイルス感染症流行前後のCO_2排出量の都市地域炭素マッピングによる評価を**図3**に示す。2020年1月と比較して、感染が拡大した3月には、総排出量が16.0％減少している。削減等の内訳は、輸送部門が−13.1％、業務部門が−18.1％、住宅部門が＋1.1％となっている。3月は緊急事態宣言発出直前の時期であり、新型コロナウイルスの蔓延に伴う外出の自粛、テレワークの推進などの働き方の変化によるCO_2排出量の削減効果が大きいことを示した結果といえる（Yamagata and Yoshida, 2020）。また、このようなテレワークの実施率に応じたシナリオのCO_2排出量の削減効果を評価すると、最大の削減ケースとして90％の従来通勤・通学人口がテレワークを行うと仮定した在宅勤務シナリオでは、2020年1月と比較して、90.0％のCO_2排出量を削減できる可能性があることを、その空間分布とともに評価している（Yoshida and Yamagata, 2020）。なお、この推計は携帯端末位置情報の時空間変動のみに依存した試算結果である点に留意されたい。推計値の検証には、スマートメータや駅別乗降客数、主要道路の断面交通量などの実計測との比較が必要である。

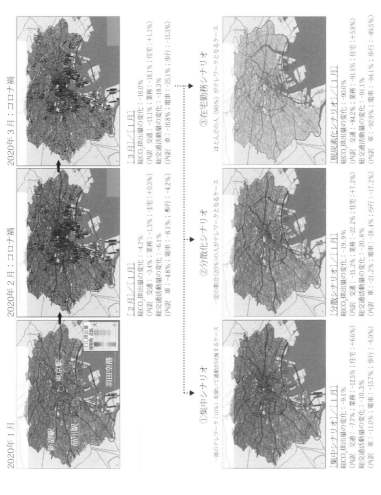

図3　東京都23区における新型コロナウイルス感染症流行前後とテレワーク率に応じた経済活動回復シナリオの都市地域炭素マッピングによるCO_2排出量評価

2020年1月

2020年2月：コロナ禍

2020年3月：コロナ禍

新宿駅　東京駅　品川駅　羽田空港

CO₂排出量　排出削減量 大　小

[2月] / [1月]
総CO₂排出量の変化：-4.2%
（内訳）交通：-3.4%、業務：-1.3%、住宅：+0.3%
総交通活動量の変化：-6.1%
（内訳）車：-4.8%、電車：-8.1%、歩行：-4.2%）

[3月] / [1月]
総CO₂排出量の変化：-16.0%
（内訳）交通：-13.1%、業務：-18.1%、住宅：+1.1%）
総交通活動量の変化：-18.3%
（内訳）車：-16.8%、電車：-25.1%、歩行：-15.3%）

①集中シナリオ
一部のテレワーク（10%）を除いて通勤が回復するケース

②分散化シナリオ
一定の割合（20%）の人がテレワークとなるケース

③住宅勤務シナリオ
ほとんどの人（90%）がテレワークとなるケース

[集中シナリオ] / [1月]
総CO₂排出量の変化：-9.1%
（内訳）交通：-7.7%、業務：-12.5%、住宅：+6.6%）
総交通活動量の変化：-10.3%
（内訳）車：-11.0%、電車：-15.7%、歩行：-6.9%）

[分散シナリオ] / [1月]
総CO₂排出量の変化：-19.9%
（内訳）交通：-15.2%、業務：-22.2%、住宅：+7.2%）
総交通活動量の変化：-20.8%
（内訳）車：-21.2%、電車：-28.4%、歩行：-17.2%）

[脱炭素シナリオ] / [1月]
総CO₂排出量の変化：-90.0%
（内訳）交通：-84.2%、業務：-91.5%、住宅：+5.9%）
総交通活動量の変化：-91.1%
（内訳）車：-92.9%、電車：-94.1%、歩行：-89.5%）

(2) 建築・交通統合シミュレーション

・建築物への太陽光パネルや自動電気自動車等のスマートモビリティの導入、再エネ電力シェアリングの実現による脱炭素化技術等の環境改善効果や街区開発による経済便益とを統合シミュレーションを用いてシナリオごとに評価

交通流シミュレーション

建築物エネルギーシミュレーション

PV発電量　グリーン電力シェアリング

相互作用

統合シミュレーション

炭素排出量

ビッグデータ

各種統計データ

(1) 街区開発シナリオの構築

・次世代ライフスタイルやモビリティシステムを想定した多様なシナリオを構築

入力　→　評価　←　改善

(3) シナリオ策定支援プラットフォームの開発

・各シナリオの持続可能性や環境改善効果、交通アクセス、経済性等のシミュレーション結果を可視化
・シナリオ改善やバポテンシャルや街区、都市圏への影響をフィードバックしてシナリオの修正に貢献

東京都：街区X

総合評価：
災害への強靱性
持続可能性
エネルギー効率性

対象範囲周辺

図 4　都市システムデザインのコンセプト

3．都市システムデザイン

　情報通信技術を活用して、生活利便性を高め環境にも配慮した都市を目指すスマートシティは、現在、世界中で競うように開発と実装が進められている。その設計過程や管理においては、都市を特徴づける主要素である建築エネルギーシステムと交通システムが接続した都市システムの構築が不可欠である。特に次世代の交通システムの技術開発はいま大きく進展しており、その可能性を建築エネルギーシステムとも連動する形で考慮することが必要である。新たな交通システムでは、V2X（vehicle-to-everything）システムを搭載し、災害時などでは住宅やオフィス等へ分散型で給電機能を有するものも想定されている。さらに、移動、物流、物販など多目的に活用できるカーシェアリングなどのサービスが発展する可能性も示されつつある。このような新たな技術発展を見据えた建築エネルギーと交通を統合した持続可能なスマートシティ設計、都市像の構築が求められている。

　筆者らは、共同研究者らとともに、上記のシステム間の相互作用を考慮しながら脱炭素化のポテンシャルも評価可能なシステムのコンセプトであり、従来の都市デザインの方法とビッグデータ、AI（artificial intelligence）、IoT（internet of things）を活用したデータ解析・シミュレーションの方法の融合を目指す「都市システムデザイン」（Yamagata and Yang, 2020）を提案している。例えば、都市システムデザインでは、(1)次世代のライフスタイルやモビリティサービスを想定した複数の街区開発シナリオを構築し、(2)建築エネルギーと交通の相互作用を考慮しながら、脱炭素化ポテンシャルなどを統合シミュレーションによって評価して、(3)シナリオの改善に役立つようにプラットフォーム上で評価結果の可視化を行う（**図4**）。都市の脱炭素化、気候変動適応やスマート化の動きに対応した新たな都市像の構築やそれを実現するためのルールづくりのためには、都市システムデザインのような統合的アプローチによって評価する枠組みが必要であると考えている。

＜参考文献＞

⑴　Gurney KR, Romero-Lankao P, Seto KC, Hutyra LR, Duren R, Kennedy C, Grimm NB, Ehleringer JR, Marcotullio P, Hughes S, Pinceti S, Chester MV, Runfola DM, Feddema J, Sperling J. "Climate change: Track urban emissions on a human scale." *Nature*, 525, 179-181 (2015).

⑵　IPCC. *Climate Change 2014: Mitigation of Climate Change. Contribution of Working Group III to the Fifth Assessment Report of the Intergovernmental Panel on Climate Change.* (2014).

⑶　Yamagata Y, Murakami D, Yoshida T. "Dynamic urban carbon mapping with spatial big data." *Energy Procedia*, 142, 2461-2466 (2017).

⑷　Yamagata Y, Yoshida T, Murakami D, Matsui T, Akiyama Y. "Seasonal urban carbon emission estimation using spatial micro big data." *Sustainability*, 10(12), 4472 (2018).

⑸　Yamagata Y, Seya H. (eds.) *Spatial Analysis Using Big Data: Methods and Urban Applications*. Academic Press (2019).

⑹　Yamagata Y, Yang PPJ (eds.) *Urban Systems Design: Creating Sustainable Smart Cities in the Internet of Things Era*. Elsevier (2020).

⑺　Yamagata Y, Yoshida T. "A smart lifestyle for the re-design of the after Corona urban forms." *Environment and Planning B: Urban Analytics and City Science*, 47(7), 1146-1148 (2020).

⑻　Yoshida T, Yamagata Y, Murakami D. "Energy demand estimation using quasi-real-time people activity data." *Energy Procedia*, 158, 4172-4177 (2019).

⑼　Yoshida T, Yamagata Y. "Change of CO_2 emissions in Tokyo under the COVID-19 situation: Urban carbon mapping approach." *Energy Proceedings*, 9 (1), 579 (2020).

第2部

再生可能
エネルギーの活用

第1章　進化を続ける営農型太陽光発電
第2章　都市におけるバイオエネルギー利用の方向性
第3章　デンマークの風力主力化モデル
第4章　地熱エネルギーの活用

第2部

第1章

進化を続ける
営農型太陽光発電

環境エネルギー政策研究所　田島誠

　脱炭素化に不可欠な再生可能エネルギーの中でも太陽光発電は世界的な基幹電源となることが見込まれている。だが、開発に伴う様々な環境的、社会経済的問題が顕在化している。その解決策として注目されている営農型太陽光発電は、現在、世界24カ国で実施・計画されており、大型の商用設備も出現している。営農型太陽光発電は、「様々な環境的、社会経済的サービスを同時に提供できる合理的で統合的な土地利用技術」であり、作物栽培、養殖、家畜など幅広い分野で研究と実証を通じて急速な進化を続けている。日本もその先達として、この優れた統合技術の更なる開発と普及に国内外のパートナーと協働して取り組むことが望まれる。

Keywords

営農型太陽光発電

ソーラーシェアリング、agrivoltaics、脱炭素

1．背景

　脱炭素化社会の構築には再生可能エネルギーへのエネルギーシフトが必須である。世界は再生可能エネルギー100％に向けて動きを加速化している。中でも太陽光は風力と並んで世界的な基幹電力になっていくと見込まれていて、設備容量が幾何級数的に増加している。日本でも固定価格買取制度（FIT）導入以降、太陽光発電が飛躍的に伸びた。それに伴って、下記の問題や課題が顕在化してる。

① 　土地利用コンフリクトの高まり

　世界的に見ても太陽光発電と農業の適地が同じであることが知られている[1]。主要7カ国（日本、ドイツ、英国、フランス、中国、インド、米国）中、日本の国土に占める平地面積は34％と最も低く、平地面積当たりの太陽光発電の導入容量は日本が最大で、2位のドイツの2倍ある（**表1**）。

表1　主要7カ国の平地面積に占める太陽光発電設備容量

	日	独	英	仏	中	印	米
国土面積（万km²）	38	36	24	54	960	329	963
平地面積（万km²）	13	25	21	37	740	357	653
平地面積の割合（%）	34	69	88	69	77	78	68
平地面積あたりの太陽光設備容量(kW/ km²)	426	184	63	26	24	11	10

（出典：(2)より筆者作成）

② 　太陽光発電所の増加に伴う生物多様性の低下や生息域の分断・減少

　中規模・大規模太陽光発電施設による生態系の破壊は深刻で[3]、今後、土地利用の圧力により一層悪化する可能性がある。特に、日本の様に平地が少なく、適地の確保がより困難な国では（**表1**）、この問題は更に深刻でより早く顕在化すると考えられる。

③ 　地球温暖化による農業への深刻な影響に対する適応策

　温暖化は、災害の激甚化に伴う洪水や干ばつによる減収などの収穫量のみならず、気温上昇によって既存の農業体系を乱し、作物の品質にも悪影響を及ぼしている。

④ 　営農者の高齢化や農業の非採算性による農業人口の減少

　収益性の低い農業離れは、それが顕著な日本や韓国に留まらず他国でも観られる傾向だ。農業を魅力的な産業にすること、多角化を図り収益性を向上することが求められている。

2．営農型太陽光発電とは

　こうした問題の有効な解決策の一つが、現在、世界的にも注目集めている営農型太陽光発電である。現在、世界的に統一された定義や基準はないが、営農型太陽光発電とは「同一の土地で太陽光発電と農業を同時に行う土地利用形態」を指す（図1）。

　営農型太陽光発電の概念は、1981年にフラウンホーファー太陽エネルギーシステム研究所（Fraunhofer Institute for Solar Energy Systems ISE；Fraunhofer ISE）を設立したアドルフ・ゴッツバーガー氏（Adolf Goetzberger）によって提唱された[4]。日本では太陽光（solar）を農業と発電で分け合う（share）という意味で2003年に長島彬氏によってソーラーシェアリング（solar sharing）と名付けられた[5][6]。日本の影響を受けた韓国や台湾ではこの呼称も使われている。農林水産省は営農型太陽光発電の呼称を採用している[7]。欧米および学術上では、農業（agri）と発電（voltaics）の合成語である agrivoltaics（アグリボルタイックス）という呼称が定着化している[8]。

　ドイツ、フランスをはじめとする欧州各国や韓国では研究やパイロット事業が盛んで、これまでは仮説に過ぎなかった様々なメリットも科学的に証明されてきている[9]。また、近年では、ドイツ、フランス、中国などで実証レベルに留まらず大型の商用プラントも建設されるようになってきた[10]。日本は研究面が弱く設

農場の上部3〜4mに太陽光パネルを設置して、パネル下に農作業や
農業機械の邪魔にならないスペースを確保する。

図1　典型的な営農型太陽光発電

１〜50件（38県）；51〜100件（３県）；101〜200件（３県）；201〜300件（２県）。富山を除く全県に設置実績あり

（出典：⑿より筆者作成）

図２　日本の営農型太陽光発電の県ごとの設置数と分布（2019年３月現在）

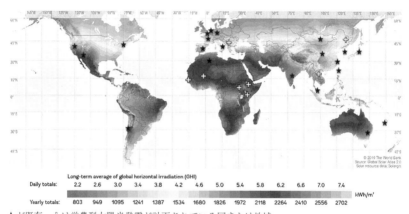

★が既存、✛は営農型太陽光発電が計画されている国または地域
（出典：以下の地図より筆者作成。Map obtained from the "Global Solar Atlas 2.0, a free, web-based application is developed and operated by the company Solargis s.r.o. on behalf of the World Bank Group, utilizing Solargis data, with funding provided by the Energy Sector Management Assistance Program（ESMAP).[1]

図３　世界の日射量と営農型太陽光発電の分布

置規模も小さいものの、現状では設置数およそ2000（**図２**）、作付品目120を超える世界一の「普及先進国」になっている⑾。

　現在、営農型太陽光発電は世界17カ国（ドイツ、フランス、オランダ、イタリア、スペイン、アルジェリア、米国、チリ、オーストラリア、ニューカレドニア、インド、マレーシア、モンゴル、中国、韓国、台湾、日本）で実施されている。それに加えて７カ国（ベトナム、ケニア、ウガンダ、タンザニア、マリ、ガンビア、セルビア）で計画されている（**図３**）。

1　詳細は https://globalsolaratlas.info

　日射量の多いアフリカなど南の国々のポテンシャルは未開拓だ。現状では世界の営農型太陽光発電の設備容量は3GW程度だが[8]、今後の発展が見込める分野である。

3．多様な営農型太陽光発電

　営農型太陽光発電はあらゆる営農形態に適用可能な技術である。

　現在、一般的な米作や畑作に留まらず、ハウス栽培、牧畜、養殖などへの適用が進んでいる（**表2**）。

表2　営農型太陽光発電の適用範囲

場所・施設	種別
農場	作物（一年生作物、果樹などの多年生作物、得用作物）
	家畜
水上	魚介類
温室	野菜
	得用作物
建物	家畜
	魚介類
	食品加工

　後述する営農型太陽光発電の利点が生かされるか否かは、技術的、制度的、社会経済的にこれら多種多様な形態をどれだけ取り込めるかにかかっており、各国の関係者が技術開発や法制度の改革と整備に積極的に取り組んでいる。ドイツ[2]、フランス[3]、韓国は営農型太陽光発電の研究・開発・普及に国レベルで取り組んでいるし、欧州の周辺諸国もそれに追随する動きを見せている。また、世界第一の太陽光発電設備容量を誇る中国は、この分野でも大規模商用プラントの先駆けとしての地位を築きつつある[10]。現状のままでは、日本の「普及先進国」としての地位が逆転するのもそう遠くない未来かも知れない。

2　https://www.ise.fraunhofer.de/en/key-topics/integrated-photovoltaics/agrivoltaics.html

3　https://www.inrae.fr/en/news/towards-photovoltaic-systems-can-reconcile-production-crops-and-electricity

4．営農型太陽光発電の利点と事例

営農太陽光発電には環境面、社会経済面で以下のような様々なメリットがあることが明らかになっている。

4.1　農家経営の安定化と増収

日本では、FIT による売電収入が農家経営の多様化、増収化、安定化に貢献している。農業収入より売電収入の方が10～20倍多い例もある。

農場の上に太陽光パネルを設置する場合、パネルの背面が微小気候の緩和（日陰で風通しが良い）によって冷却されるため、通常の野立て太陽光発電に比してパネルの温度が低く抑えられて発電効率も高まる。また冬期はパネルで上昇気流が遮られて早朝の放射冷却が起きないため、霜害から作物を守ることができる。

静岡で実施されている抹茶営農型太陽光発電はこれらの利点を生かした典型例だ（**図4、表3**）。このシステムを導入した静岡の抹茶会社は、導入後に海外との取引が30か国まで増えた。もともと高付加価値の抹茶（静岡で98％を占めるやぶきた茶の10倍の卸売価格）に有機農業や自然エネルギーの付加価値が加わったからだ[7] [13]。

4.2　土地利用効率の向上

ドイツでの研究では、小麦の場合56～78％、ジャガイモは56～86％、セロリは56～87％、クローバーは67～70％、土地利用効率が高くなった[14]。つまり、太陽光発電と農業生産を同じ土地で行うと、電力と農産物の合計の生産量が6割から9割増えるということで、限られた国土の有効利用に繋がる（**図5**）。また、それぞれの作物で土地利用効率がより高かったのは降雨量が少なく乾燥した2018年

架台を利用して寒冷紗（遮光ネット）を掛ける（左）、パネルの外では霜が降りるがパネルの下では放射冷却が起きないため霜が降りない（右）

図4　静岡の抹茶営農型太陽光発電

表 3　抹茶営農型太陽光発電の利点

	遮光（発芽期に 1 ヶ月は必要）		霜害	熱ストレス
	不十分	コスト高	コスト高	効果的対策無し
従来の農法	・寒冷紗の直掛け（最も安価）を長く続けると**新芽を傷つけたりいもち病**を招く	・芽を痛めないように寒冷紗用の棚を作ると**150万円～200万円/反**の費用がかかる	・茶畑の周辺に霜害防止の防霜ファンを設置して、**駆動電力**が要る	・**35℃になる猛暑の夏の熱ストレス**からお茶の木を守る有効な対策がない
	十分かつ効果的	追加コスト無し	追加コスト無し	保護・冷却効果
営農型太陽光	・ソーラーシェアリングの架台を遮光棚として**活用**できる ・寒冷紗の下に十分なスペースがあるので、**新芽を傷つけることなく十分な期間遮光が可能**		・パネルが夜間の上昇気流を遮るため**放射冷却が起きず霜が降りない**	・猛暑でも外部に比べてパネルの下は **5℃気温が低い**
★	お茶の木を植えてから **4 ～ 5 年は収穫**（＝収入）なし→**売電収入**が補填			

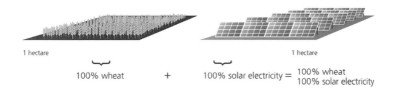

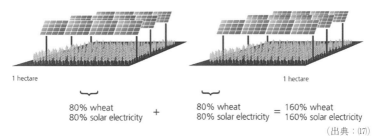

（出典：(17)）

図 5　営農型太陽光発電による土地利用効率の向上（小麦の例）

であった。発電量は比較区と実験区で全く変わらないので、この増加は純粋に農産物の収量増加によるものだ。他の研究[15][16]でも実証されている通り、太陽光パネルが日よけとなり土壌水分の保全等（水利用効率の向上）に役立った結果だと考えられる。

4.3　生物多様性の保全

　営農型太陽光発電は生物多様性と生息地の保護にも役立つ。

　前出の国立環境研究所の研究は、大規模な太陽光発電所（10MW 以上）より中規模（0.5〜10MW）の方が、累積的な自然環境破壊に繋がっていると結論づけている[3]。失われた生態系の面積は二次林や人工林、人工草原、畑、水田の順に多く[3]、農地の太陽光発電への転換の影響は無視できない。営農型太陽光発電は、農業生態系を保持しつつ電力も作るので生態系や生物多様性の保全に貢献する。

　例えば、米国では太陽光発電を利用してミツバチの生息域を保全する運動が広がっている。ミツバチは全植物の80%、人間の食糧の3分の1の受粉を担っていると言われている。それが1990年代から2000年代半ばまでに、北半球のミツバチの4分の1が姿を消したと推定されている[18]。この問題に対処するため、米国では太陽光発電所に農業生態系を持ち込む「受粉者に優しい太陽光発電（Pollinator-Friendly Solar）」プログラムが現在15の州で実施されている（図6）[19]。

4.4　地球温暖化の適応策

　欧州のワイン産業は、かなり以前から地球温暖化の影響で産地喪失の危機に晒されてきた[20〜24]。温暖化は干ばつ被害などによる減収をもたらすだけでなく、高付加価値農産品にとって重要な「質」にも悪影響を及ぼしている。ワインブドウの場合は、①香り、②酸糖比、③色味がベストの時に収穫する必要があるが、温暖化の影響で収穫時期が早まりこれらを一致させて収穫することができなくなってきている[25]。これに対し、多くの研究者が適応策の開発に精力的に取り組んできた[26]。現在、営農型太陽光発電によって生育環境条件を緩和するモデル構築や、それを一歩進めてプラントデザインや農作業方法・時期の決定を支援する「意思決定支援システム（decision support system: DSS）」の開発が活性化している[27〜29]。

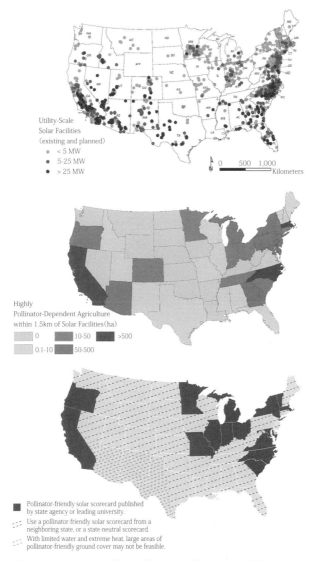

大規模太陽光発電の分布（上）、受粉者に依存する農業分布（中）、「受粉者に優しい太陽光発電採点票（Pollinator-Friendly Solar Scorecards）」実施州（下）。それぞれの分布傾向が同じなのは、発電と農業の適地が同じであるので当然である。

（出典：⑳; Pollinator-Friendly Solar Scorecards, Fresh Energy.[4]）

図6　受粉者に優しい太陽光発電（Pollinator-Friendly Solar）

4　https://fresh-energy.org/beeslovesolar/pollinator-friendly-solar-scorecards

4.5　進化し続ける営農型太陽光発電

技術の急速な発展に伴い、営農型太陽光発電も日々進化して、多様化と発展を続けている。養殖と牧畜への応用はその好例である。

(1)　養殖

養殖営農型太陽光発電（aquavoltaics または aqua-Photovoltaics; aqua-PV）は、水上ソーラー（floatovoltaics または floating PV; FPV)[30] [31]の応用型だ。営農型同様、水上ソーラーも現状の設備容量は世界全体で2GW 程度とそれ程多くはないが[31]、そのポテンシャルは大きく、急成長しているので今後の成長が期待できる。世界銀行は、世界中の人工淡水面の1％を水上ソーラーに当てるだけでも、2017年時点での全世界の太陽光発電設備容量に匹敵する400GW の設備容量が得られると推計している[31]。

台湾は陸上の営農型太陽光発電をほぼ禁止しているが、養殖営農型太陽光発電については制度的にも別枠を設けて振興している。中国では既に320 MW の大規模プラントが開設されており、4,500万米ドルの売電収入に加えて、500万米ドルの養殖からの収益を上げている[32]。また、この技術は大規模商用向けだけでなく地域社会の生計向上にも活用できる。Fraunhofer ISE はベトナム国内2カ所でコミュニティベースのパイロットプラントの開設を予定している[5]。

養殖営農型太陽光発電の潜在的な効果としては一般的に以下（**表4**）が挙げられている。

(2)　牧畜

ドイツでは**図7**の様な放牧地の風景が見られるようになってきた。技術の進歩とそれに伴う価格低下によって、太陽光パネルも大型、薄型で効率の高い両面モジュールが標準化しつつあるからだ。垂直に設置するので雪害も被らずパネルの故障の心配が減る上、雪の反射光で冬期の発電量も高くなる。従来型では南向きに設置していたパネルを東西向きに設置することによって、朝夕の電力需要が高い時に発電のピークを持ってくることができる利点もある。

作物にとっても、一日を通じてまんべんなく日照を得られる、陽性作物の栽培にも適している、パネルに集積した雨だれによる土壌浸食もないなどのメリットがある。また、パネルの列間も自由に設定できるため、大型機械の導入にも支障が無い。ドイツでは、全地球測位システム（Global Positioning System; GPS）による全自動運転の無人大型トラクターを導入している大規模農業も出現している。

5　https://www.ise.fraunhofer.de/en/business-areas/photovoltaics/photovoltaic-modules-and-power-plants/integrated-photovoltaics/agrivoltaics/aqua-pv.html; https://www.bmbf-client.de/en/projects/shrimps

表4　養殖営農型太陽光発電の期待される効果

利点	説明
土地利用効率の向上	発電収入＋養殖収入により収入も向上。
発電量の増加	水と風による冷却効果による。両面モジュールを用いれば水面からの反射光で発電量は更に増える。
設備寿命の延長	駆動温度が低くなるため。
蒸散の防止	設備のデザイン如何だが水資源の保全に貢献。
水質の向上	藻の繁殖や水温上昇を抑制することによる。
パネルの汚れの防止	土の飛散などは無縁。水鳥の糞等は増える可能性も。
初期投資額の低減	既存のダム湖や溜め池を活用する場合や、陸上とは違い整地、基礎工事、架台等が不要。
魚介類の増収	上記の水質の向上等に加えて LED ライト等を自家駆動することによる。

（出典：⑶2、⑶3より筆者作成）

傾斜地にも容易に設置可能（上）、牛の放牧場への列置例（左下）、雪害は無縁（中央下）、列間距離の自由度が高いので大型農業機械の使用も問題ない（右下）

（出典：Next 2 Sun 提供）

図7　垂直設置型営農型太陽光発電（牧畜への適用例）

　我々は日本にもこのシステムを導入しようと、現在、福島県内でパイロット事業を計画している。ドイツより風況の厳しい日本では、パネルと架台の強度の補強が必要になる可能性があるなどの現地化に伴う課題はあるが、国内外のパートナーと力を合わせて解決していきたい。

5．あなたの地域でも営農型太陽光発電を導入しよう

　これまで見てきたように営農型太陽光発電は単に売電収入を売る手段ではなく、「様々な環境的・社会経済的サービスを同時に提供できる合理的で統合的な土地利用技術」だと言える。使い方次第で、あなたの農場や地域社会を豊かにすることができるので、以下の主な留意点を踏まえて導入を検討されてはいかがだろうか。

- ・まず入門書[5][6]を読む。導入に当たっては、具体的な手順や手続きに詳しいガイドブック[7][8]やウェブサイト[6]を参考にする。
- ・FIT の売電収入のみに依存せず、それを生かした健全な農業経営を営む。また、今後の FIT 価格と建設コストの低下を考慮して脱 FIT モデル（自家消費、災害対応＝防災減災、第三者所有や蓄電池付 PPA など）の導入も視野に入れる。
- ・通常の野立て太陽光発電に比べてより高い位置にパネルを設置したりするのでより高い耐風性とする。海外で通用している設計でも台風や風水害の多発する日本ではより強固な設計とする必要がある[34][35]。
- ・主要な建設資材（太陽光パネルや架台、パワコンなど）のほとんどを海外に依存せざるを得ないが、それ以外の部分でお金が地域内にできるだけ留まるようする仕組みを考える。具体的にはご当地電力[7]の設立などを地域の人たちと協働で取り組む[36]。
- ・営農型太陽光発電の普及の最大の障害は、いずれの国でも法制度の壁と社会的受容にある。現在、日本、ドイツ、韓国などで営農型太陽光発電を促進するための法改正の動きが活発化している。営農型太陽光発電の発展と普及に寄与する法制度整備に向けて、広範なパートナーと共に政府や行政に働きかけていく必要性がある。

6．最後に

　日本は研究分野では欧州諸国や韓国に立ち後れ、設置実績でも中国、ドイツ、フランス、韓国などに抜かされそうな勢いだ。

　2021年6月14日〜16日には Fraunhofer ISE 主催で「第2回営農型太陽光発電

6　https://www.maff.go.jp/j/shokusan/renewable/energy/einou.html
7　全国ご当地エネルギー協会　http://communitypower.jp/

国際会議（AgriVoltaics 2021）」が開催された[8]。昨年開催された第1回は、フランスの国立農業・食糧・環境研究所（Institut national de recherche pour l'agriculture, l'alimentation et l' environnement：INRAe）が主催であった[9]。今年の会議では今後各国が協調して、営農型太陽光発電の普及に向けて、標準化やガイドライン、ガイドブックなどを作成していくことなども議論された。なお、2022年にはイタリア、2023年にはアジアでの開催が予定されている。両会議を通じて日本人の参加が低調なことが残念だ。

　営農型太陽光発電のマーケットは未成熟だが、その可能性は無限大だと言える。諸外国の志ある様々な分野の人々と共に、オープンイノベーションを起こしていけるようになりたいものだ。

＜参考文献＞

⑴　E.H. Adeh, S.P. Good, M. Calaf, C.W. Higgins, Solar PV Power Potential is Greatest Over Croplands, Scientific Reports, 9 （2019）.

⑵　経済産業省資源エネルギー庁、2030年における再生可能エネルギーについて、in: 総合エネルギー調査会 省エネルギー・新エネルギー分科会／電力・ガス事業分科会 再生可能エネルギー大量導入・次世代電力ネットワーク小委員会（Ed.）、経済産業省、Tokyo, 2020.

⑶　J.Y. Kim, D. Koide, F. Ishihama, T. Kadoya, J. Nishihiro, Current site planning of medium to large solar power systems accelerates the loss of the remaining semi-natural and agricultural habitats, Science of The Total Environment, （2021）146475.

⑷　A. Goetzberger, A. Zastrow, On the Coexistence of Solar-Energy Conversion and Plant Cultivation, International Journal of Solar Energy, 1 （1982）55-69.

⑸　A. Nagashima, Solar Sharing: Changing the world and life, Access International Ltd., Tokyo, 2020.

⑹　長島彬、日本を変える、世界を変える！「ソーラーシェアリング」のすすめ、リックテレコム2015.

⑺　農林水産省、営農型太陽光発電取組支援ガイドブック（2020年度版）、農林水産省、Tokyo、2020.

⑻　Fraunhofer Institute for Solar Energy Systems ISE, Agrivoltaics: opportunities for agriculture and the energy transition; a guideline for Germany, 1 st ed., Fraunhofer ISE2020.

⑼　山本精一、田島誠、国内外のソーラーシェアリング事情と今後の展望、太陽エネルギー＝Journal of Japan Solar Energy Society, 45 （2019）32-39.

⑽　E. Bellini, Giant agrivoltaic project in China, pv magazine, pv magazine, 2020.

⑾　M. Tajima, T. Iida, Evolution of agrivoltaic farms in Japan, AIP Conference Proceedings 2361, 03002 （2021）https://doi.org/10.1063/5.0054674

⑿　農林水産省、営農型発電設備の設置に係る許可実績（都道府県別）について（平成31年3月末現在）、2019.

8　https://www.agrivoltaics-conference.org

9　https://2020.agrivoltaics-conference.org/home.html

⒀　田島誠、静岡茶畑ソーラーシェアリング視察報告書、環境エネルギー政策研究所、Tokyo, 2019、pp.19.

⒁　M. Trommsdorff, J. Kang, C. Reise, S. Schindele, G. Bopp, A. Ehmann, A. Weselek, P. Högy, T. Obergfell, Combining food and energy production: Design of an agrivoltaic system applied in arable and vegetable farming in Germany, Renewable and Sustainable Energy Reviews, 140 (2021) 110694.

⒂　E.H. Adeh, J.S. Selker, C.W. Higgins, Remarkable agrivoltaic influence on soil moisture, micrometeorology and water-use efficiency, PloS one, 13 (2018) e0203256.

⒃　G.A. Barron-Gafford, M.A. Pavao-Zuckerman, R.L. Minor, L.F. Sutter, I. Barnett-Moreno, D.T. Blackett, M. Thompson, K. Dimond, A.K. Gerlak, G.P. Nabhan, Agrivoltaics provide mutual benefits across the food-energy-water nexus in drylands, Nature Sustainability, 2 (2019) 848-855.

⒄　Fraunhofer ISE, Harvesting the Sun for Power and Produce -Agrophotovoltaics Increases the Land Use Efficiency by over 60 Percent, in: Fraunhofer Institute for Solar Energy Systems ISE (Ed.), Fraunhofer Institute for Solar Energy Systems ISE, 2017.

⒅　IPBES, The assessment report of the Intergovernmental Science-Policy Platform on Biodiversity and Ecosystem Services on pollinators, pollination and food production, in: S.G. Potts, V. Imperatriz-Fonseca, H.T. Ngo (Eds.), Secretariat of the Intergovernmental Science-Policy Platform on Biodiversity and Ecosystem Services, Bonn, Germany, 2016, pp. 556.

⒆　G. Terry, State Pollinator-Friendly Solar Initiatives, Clean Energy States Alliance, 2020.

⒇　L.J. Walston, S.K. Mishra, H.M. Hartmann, I. Hlohowskyj, J. McCall, J. Macknick, Examining the Potential for Agricultural Benefits from Pollinator Habitat at Solar Facilities in the United States, Environmental science & technology, 52 (2018) 7566-7576.

(21)　R.M. De Orduna, Climate change associated effects on grape and wine quality and production, Food Research International, 43 (2010) 1844-1855.

(22)　L. Hannah, P.R. Roehrdanz, M. Ikegami, A.V. Shepard, M.R. Shaw, G. Tabor, L. Zhi, P.A. Marquet, R.J. Hijmans, Climate change, wine, and conservation, Proceedings of the National Academy of Sciences, 110 (2013) 6907-6912.

(23)　J.A. Santos, H. Fraga, A.C. Malheiro, J. Moutinho-Pereira, L.-T. Dinis, C. Correia, M. Moriondo, L. Leolini, C. Dibari, S. Costafreda-Aumedes, T. Kartschall, C. Menz, D. Molitor, J. Junk, M. Beyer, H.R. Schultz, A Review of the Potential Climate Change Impacts and Adaptation Options for European Viticulture, Applied Sciences, 10 (2020) 3092.

(24)　C. Van Leeuwen, P. Darriet, The impact of climate change on viticulture and wine quality, Journal of Wine Economics, 11 (2016) 150.

(25)　K. Nicholas, Will We Still Enjoy Pinot Noir?, Scientific American, 312 (2015) 60-67.

(26)　E. Wolkovich, I.G. de Cortázar-Atauri, I. Morales-Castilla, K. Nicholas, T. Lacombe, From Pinot to Xinomavro in the world's future wine-growing regions, Nature Climate Change, 8 (2018) 29-37.

(27)　P. Campana, B. Stridh, S. Amaducci, M. Colauzzi, Optimization of vertically mounted agrivoltaic systems, Journal of Cleaner Production, (2021).

(28)　J. Chopard, A. Bisson, G. Lopez, S. Persello, C. Richert, D. Fumey, Development of a Decision Support System to Evaluate Crop Performance under Dynamic Solar Panels, AIP

Conference Proceedings 2361, 050001（2021）https://doi.org/10.1063/5.0055119

⑶　I. Porras, J.M. Solé, R. Marcos, R. Arasa, Meteorological and Climate Modelling Services Tailored to Viticulturists, Atmospheric and Climate Sciences, Vol.11No.01（2021）17.

⑶　F. Haugwitz, Floating solar PV gains global momentum, pv magazine, pv magazine, 2020.

⑶　World Bank Group, Where sun meets water: floating solar market report, World Bank2019.

⑶　E. Bellini, Another 120 MW of solar aquaculture in China, pv magazine, pv magazine, 2020.

⑶　A.M. Pringle, R. Handler, J.M. Pearce, Aquavoltaics: Synergies for dual use of water area for solar photovoltaic electricity generation and aquaculture, Renewable and Sustainable Energy Reviews, 80（2017）572-584.

⑶　加藤伸一、「突風」には不十分な太陽光の試験、限界荷重の確認を提唱、日経クロステック ケミトックス、日経 BP、Tokyo, Japan, 2017, pp. 2.

⑶　相原知子、染川大輔、大竹和夫、高森浩治、営農型 PV の実情と耐風設計上の課題、日本風工学会誌、45（2020）80-85.

⑶　飯田哲也、古屋将太、吉岡剛、山下紀明、コミュニティパワー──エネルギーで地域を豊かにする、学芸出版社2014.

第2部

第 2 章

都市における
バイオエネルギー
利用の方向性

自然エネルギー財団　相川高信

　都市のバイオエネルギー利用には、外部から持ち込まれるバイオマス資源の残渣や廃棄物の利用と、都市内の緑地などで生産されるバイオマスの利用の二つがある。前者については、ごみ発電などのかたちで従来も行われて来たが、熱やガスなどの利用も進める必要がある。さらに今後は、石油系プラスチックからバイオ系素材への切り替えが進むことにより、メタン発酵によるバイオガス生産や、ガス化を経てのエタノール生産などに進化することが予想される。後者についても、気候変動の適応策としてグリーンインフラが重要視されることで、都市内での一次生産が増加し、バイオマスや無機養分の循環の健全化に寄与できる可能性がある。

Keywords

バイオエネルギー

廃棄物系バイオマス、グリーンインフラ、都市のメタボリズム

1．はじめに

1.1　都市にもあるバイオマス資源

　バイオエネルギーとは、動植物由来の有機性資源（バイオマス）を燃焼などにより利用するもので、再生可能エネルギーの一つである。バイオエネルギーの中でよく利用されているのが木質バイオマスだということもあって、森林資源などが豊富な農山村での活用がメインだと思われる人もいるかもしれない。しかし実際のところ、人が多く集まって暮らす都市もまた、廃棄物系を中心としたバイオマス資源の宝庫であり、すでに活用されているものもの多い。

　代表的なものに、ごみ発電がある。都市部ではごみの絶対量が多く、設備を大規模にして効率を高めることができるので、焼却熱を利用して発電が行われている。同様に、人口集積の結果として、その他の廃棄物系バイオマス、例えば下水汚泥や建築廃材の発生量も都市部で多い。

　ただし、これらのバイオマス資源が有効活用されているかと言えば、必ずしもそうではない。日本はごみの焼却処分の割合が高い国であり、都市部で規模が大きいため、発電が行われている施設が多いが、日本全体では熱も含めたエネルギー回収を行っている施設は7割程度にとどまっている。下水汚泥のエネルギー化率については、必ずしも都市部で高いわけではない。また、建築廃材も住宅ストックの多い都市部で多く発生していると思われるが、発電所は都市の周辺部の県に立地している場合が多いようである。

1.2　都市のメタボリズムというフレームワーク

　そもそも都市は巨大な購買力があるので、再エネ電力などだけではなく、バイオ燃料なども含めて、必要なクリーンエネルギーを外部から調達すればよいという考え方もあるかもしれない。こうした取組は大きな需要を創り出し、再生可能エネルギーへの投資拡大に貢献するだろう。バイオエネルギーについても、世界の30を超える都市が交通部門へのバイオ燃料の導入義務を独自に課しており、その普及に貢献していると評価できる。

　しかしその一方で、都市が外部からの「クリーンな」エネルギーの調達に頼るだけでは、持続可能な社会への転換は不十分なもので終わる可能性が高い。原子力発電はもちろん、大型水力発電設備や洋上風力の再生可能エネルギーであっても、開発のインパクトはゼロではない。したがって、無尽蔵に外部にエネルギーを求めることを都市は改めていかなければならないが、そのためには都市におけるエネルギーの利用効率を高めていく必要がある。

　都市におけるエネルギーや物質の利用効率を分析する枠組みに、都市メタボリ

ズム研究（Urban metabolism studies）がある（Perrotti & Screnke 2020）。都市を生物もしくは一つの生態系のように捉え、「都市の維持や成長を実現するために、物質やエネルギー、その他の資源を、都市が輸入し、生産・輸出、または廃棄するプロセスの総体」を分析するものであり、マテリアルフロー分析が研究手法の基礎となっている。

　この枠組みによれば、省エネなどにより都市のエネルギー効率を高めることに加え、都市自身がエネルギーを作り出すことで、都市が外部から購入する物質・エネルギーの量を相対的に削減できる。第 5 部 第 4 章に示すように、建物の屋根などに設置できる太陽光発電は、都市において大きなポテンシャルがあり、外からのエネルギー購入量と、大気汚染物質や CO_2 の排出量を大幅に削減していくだろう。さらには、都市内部で発生するバイオマス資源をエネルギー利用できれば、都市のエネルギー自給率を高め、廃棄物を減らすことにもなる。

1.3　都市で利用されるバイオエネルギーの類型

　都市で利用されるバイオエネルギーは大きく分けて、①外部から食料やマテリアル利用のために持ち込まれるバイオマス残渣や廃棄物の利用と、②都市内の緑地などで生産されるバイオマス利用の 2 つがあると整理できる。

　これまでの都市部でのバイオエネルギー利用の議論は、ごみ発電に代表されるように、前者の範疇に含まれるものがほとんどであった。本稿でもその有効利用は途上にあるとして、利用を実現・高度化するエネルギーインフラの整備・活用の重要性を第一に指摘したい。第二に、物質のフローに注目すると、近年の脱プラスチックなどの動きを受けて、都市に流入する化石燃料由来の物質の比率は下がり、逆にバイオマス比率が高まる。その結果として、エネルギー利用できるバイオマス量も増加することが予想されることから、その影響についても論じてみたい。

　第三に、本稿では都市内で生産されるバイオマスについても焦点を当てる。緑地面積は都市内では限定的であるが、都市内の緑地は、「グリーンインフラ」として防災などの面で重要な役割を果たしていると理解されるようになってきた。そのため、人口減少に伴う空間利用の余地拡大と合わせて、質・量ともに充実させていくことが期待される。グリーンインフラは、エネルギー利用を含めた気候変動の適応策としても重要であることから、都市の持続性を総合的に高める方策として、バイオマスとの関係をまとめたい。

2．都市でバイオエネルギー利用を進めるためのインフラ

2.1　エネルギー転換設備

　都市で発生するバイオマスを利用するためには、収集されたバイオマスを受け入れてエネルギー転換する設備が必要である。この代表的なものとして、ごみ焼却場がある。

　日本は、最終処分量（埋め立て量）の削減のため焼却処理量を増加させてきたという歴史的な経緯もあり、世界でも有数の焼却処分大国である。その一方で、余熱利用が行われている施設は7割、発電まで行っているのは6割弱にとどまっている。その一方で、浜松市などのように、自治体新電力の貴重な電源になっているところもある。

　ここで比較のため、欧州に目を転じてみると、EU28カ国全体では埋め立て処分が45％程度あることが日本と大きく異なる。一方で焼却処分は10％程度にとどまるが、エネルギー回収されている割合が高い（産業環境管理協会2020）。また、堆肥化の割合が高い点も興味深い。

　このように、焼却施設が多い日本は、エネルギー利用しやすい条件が整っているが、留意すべき事項がある。第一に、発電をしていても、水分が高い廃棄物を焼却処分していることから、その効率は必ずしも高くなく、2018年度の平均は13.6％だった。加えて、焼却処分、特に高性能な施設での焼却は、リサイクルのインセンティブを削いでしまうという批判もあることにも注意が必要であろう。

2.2　熱やガスを利用可能にするインフラの重要性

　次に必要なのは、エネルギー転換設備で生成された電気や熱、ガスなどの二次エネルギー（エネルギーキャリア）を需要先に届けるインフラである。

　都市内では、送電インフラはよく整備されている一方で、課題が多いのは熱利用である。欧州では、ごみ焼却場で回収されたエネルギーは、発電だけではなく熱供給に使われている場合が多い。このような地域熱供給は、寒冷な北欧諸国で特によく発達している。なかでも、デンマークの首都コペンハーゲンでは、最初の熱供給は市街地の中心部にあるごみ処理場から始まったと言われており、現在でも供給熱量全体の1／4をごみ焼却場からの廃熱が占めている。

　このような地域熱供給システムは、都市のエネルギー効率を高めることに貢献する。一般に、石炭など化石燃料を燃料としても、発電所の発電効率は20〜40％程度であり、残りの60〜80％のエネルギーは熱として発生しているため、熱を利用して始めて総合効率を高めることができるからである。そして、個別の建物ではボイラーや給湯器が不要になり化石燃料の消費も削減される。

　一方、日本のごみ焼却場では、発電を行っていたとしても、廃熱は温水プールや温泉などで一部利用されている場合を除いて、ほとんど活用されていない。地域熱供給システムは、天然ガスを用いたコジェネレーションシステムは高層ビルなどでよく使われているが、廃棄物やバイオマスを用いたものとしては、唯一札幌市の事例を挙げることができる程度である。

　また、もう一つ重要なインフラとしてガス管がある。日本全体ではガス管のカバー率は低く、地方においては灯油やプロパンガスの購入に大きな支出を強いられている。都市部にはガス管がよく整備されているが、将来的には、このガス管を通るガスも脱炭素化される必要がある。そのため、下水汚泥などから生産されるバイオマス由来のメタン（バイオメタン）は、その有力なオプションになるだろう。

3．サーキュラー・バイオエコノミー：都市に流入・還流するバイオマス量の増加

3.1　バイオマス素材による代替

　2050年までに完全な脱炭素化を実現しようとすると、最後まで課題が残るのは、鉄鋼や化学、セメントなどの重工業であると言われている。これらの素材は、加工工程において数100〜1,000℃以上といった高温を必要とすることから、電化が難しいことに加え、原材料由来の CO_2 排出が避けられないためである。

　さらには、プラスチックのような石油由来の廃棄物は、燃焼時に CO_2 発生源となる。したがって、都市で大量に消費・廃棄されているこうした物質は、削減の難しいやっかいな排出源になると考えられている。そのため、欧州のごみ焼却場では、発生する CO_2 の貯蔵（CCS, Carbon dioxide Capture and Storage）に取り組むところが出始めている。

　もちろん、回収されたプラスチック製品の利用率向上など一層の努力が行われるだろうが、これまでプラゴミのほとんどが発展途上国に「輸出」されてきた事実を考慮すれば、コスト面での課題があることがわかる。しかも、完全に閉じたループを実現することは不可能であり、マイクロプラスチックなどの環境汚染を食い止めることができない。そのため、生分解性で生態系に無害なバイオマス由来の素材に置き換えていくことが、経済社会の脱炭素化だけではなく、生態系の保全上も重要な役割であると考えられるようになっている。

　こうしたバイオマス素材への転換が順調に進めば、都市に流れ込む物質のバイオマス比率は高まり、廃棄物の組成は大きく変わることになる。それに伴い、廃棄物の処理方法も焼却ばかりでなくなる可能性がある。特に湿潤系の廃棄物につ

いては、メタン発酵も有力な選択肢となり、発生したメタンガスは、オンサイトでエネルギー利用されるか、精製した後、ガス配管に「再生可能ガス」として投入されるようになるかもしれない。

3.2　サーキュラー・バイオエコノミー

　同時に、残渣・廃棄物の流れからバイオマスをアップサイクルしていく取り組みも活発化するだろう。例えば、神戸市では、コーヒー豆かすや食品残渣・カップに剪定枝をブレンドして、バイオコークスに加工する取り組みが始まっている。

　更には積水化学が取り組む、廃棄物からのエタノール製造の動きも大変興味深い。具体的なプロセスとしては、ガス化融解炉から発生したガスを精製した後、米ランザテック社の技術を用いて微生物反応でエタノールを製造するというものである。エタノールは自動車燃料などとして利用できるが、積水化学は、そこから基質物質であるエチレンを生産し、現在プラスチック原材料として使われている石油由来のナフサを代替していくという計画である。日本のナフサ消費量が約3,000万 t（約150兆 kcal）であるのに対して、国内で排出される可燃ごみは約6,000万 t（約200兆 kcal）となっており、量的なポテンシャルはかなり大きい。

4．グリーンインフラのエネルギー問題解決への貢献

4.1　気候変動の時代に重要性を増すグリーンインフラ

　次に、都市そのもので生産されるバイオマスの可能性について考えてみよう。都市の中には、公園や庭、そして農地など一定以上の緑地があり、そこでは植物による一次生産が行われており、発生するバイオマスは、エネルギー利用も含めて有効活用できる可能性がある。

　こうした都市の中にある緑地は、大気清浄効果や生物多様性保全など様々な機能を有することから、グリーンインフラと呼ばれ、近年大きな注目を集めている（グリーンインフラ研究会2017）。特に近年、降雨イベントの激甚化に伴う水害など気候変動の緩和策として、緑地の地下への雨水浸透機能が見直されるとともに、洪水のバッファーゾーンとして河川沿い氾濫原の重要性も再認識されている。こうしたことから、グリーンインフラというキーワードで、緑地政策を展開し始めている横浜市や浜松市のような事例も出始めている。

　さらには、グリーンインフラはエネルギー利用の面でも便益が大きいことが明らかにされている。街路樹など植物の存在は、都市の微気象を調整し、ヒートアイランド対策として大きな効果があり、冷暖房のエネルギー需要を減らすこと

は、これまでもよく知られてきた。例えば、アメリカの都市では、樹木があることで7.2%の空調エネルギーの削減につながっているという研究結果が示されている（Nowak et al. 2017）。

4.2 グリーンインフラとバイオエネルギー利用

　このように多様な機能が評価されることで、都市内でグリーンインフラが拡大すれば、炭素吸収・蓄積量が増える。このことも、都市の気候変動対策としては意義が大きい。したがって、ここから発生するバイオマスのエネルギー利用は、便益の一つでしかないと言うべきであろう。

　しかしそれでも、その貢献は過小評価されるべきではない。例えば、ドイツでは、全土で500万㎥の景観修復材が燃料として使われていることが報告されており、全木質バイオマス供給の1割程度に相当する。

　都市部に焦点を当ててみると、欧州において、発達した地域熱供給システムの燃料の一部としての利用が見られる。例えば、ウィーンにはオーストリア最大の木質バイオマスCHPプラント（24MWe、66MTh）があり、熱と電気を供給している。ウィーンの都市林は、環境規制の枠内で伐採量を増やすことで、年間1万㎥程度の燃料材供給が可能であり、3,000世帯分の電気と720世帯分の熱が供給できると試算されている（Kraxner et al. 2016）。

　一方で、日本においては、都市内のグリーンインフラから発生するバイオマスのエネルギー利用事例はあまり多くない。街路樹や公園などの管理に伴って発生する剪定枝の多くは、事業系一般廃棄物もしくは産業廃棄物として焼却処分されていることがほとんどである。数少ないエネルギー利用の事例としては、東京都の大井ふ頭臨海公園において、指定管理者である㈱日比谷アメニスが、剪定枝を燃料にクラブハウスへの熱供給を行っている取り組みがある。

　また、グリーンインフラは、バイオマス（有機物）ならびに無機養分の循環を健全化する重要な空間要素となり、サーキュラー・エコノミーの実現に貢献できる可能性がある。具体的には、都市で発生する有機物から生産された堆肥や、下水汚泥中のリンやカリを回収した肥料の受入先として活用できる。実際に、国土交通省では「BISTRO下水道」というプロジェクトによって、下水汚泥から肥料を生産し、農業生産に利用することを推進している。

5．ホリスティックなアプローチ

5.1 都市内バイオマス循環を「コモン」として管理する

　気候変動対策が加速する中で、我々が利用・消費するエネルギーと物質を可能

な限り速いスピードで脱炭素化させていかなければならない。本章では、都市が単なる「消費地」としてあり続けるのではなく、利用効率を高めるともに、都市内での生産・利用を拡大することが必要であることを示した。

この「バイオマスのメタボリズム」の活性化を、日本で特に顕著な人口減少の影響をプラスに転じる方策として用いることができる。具体的には、人口減少は空家や空き地を増やすので、空間利用に「余地」が生まれる。この土地を同じように住宅地に戻すのではなく、緑地に変えていくことが、深刻化する気候変動の中での都市のレジリエンスを高めていく。しかも、コミュニティの活性化につながるように、「コモン（社会的に人々に共有され管理されるべき富）」として管理・利用していく方策も考えられる。

例えば、筆者が住む街では、道路沿いの花壇は市民ボランティアにより管理されているものが多くある。柏市（千葉県）では、2010年から貸し庭制度を運用し、身近にある空き地を地域の人々が手を加えて「コモン」として管理している。他にも、貸し出し制の市民農園も多くの都市で見られるようになってきた。

さらには、（筆者自身もそうだが）新型コロナウィルスの感染拡大で、自宅にいることが多くなった方も多いと思う。都市に住んでいても、緑地を散歩できることのありがたさ、ベランダ菜園で野菜を収穫することの楽しさを知った方も多いのではないか。したがって、こうした住環境や地域環境の重要性の日常的な気づきを、具体的な政策や経済社会システムの転換に繋げていく参加型の民主的なプロセスの回路を作っていくことが必要ではないだろうか。

5.2　バイオマスの持続可能性の確保

最後に確認しておきたいことは、都市内部でのメタボリズムを活性化したとしても、都市が必要とするバイオマスを100％自給することは現実的ではないということである。むしろ都市内部での循環を活性化させることを通じて、外部から運び込まれるバイオマスの持続可能性にも、想像力を働かせていくような回路を作っていくことが重要である。残念ながら、バイオマスの中には、天然林の開発（森林減少）や先住民の土地利用権利の侵害など問題を抱えたものがある。そのため世界的には、生産現場から始まるサプライチェーンの持続可能性を確認する第三者認証制度も発達してきており、欧州などでは、エネルギー利用だけではなく、食料も含めた様々なバイオマス製品での活用が広がりつつある。日本においても普及が期待されるところである。

＜参考文献＞

⑴　Perrotti, D. and Stremke, S." Can urban metabolism models advance green infrastructure planning? Insights from ecosystem services research" Urban Analytics and City Science, Vol. 47（4）pp.678-694（2020）

(2)　産業環境管理協会、「リサイクルデータブック2020」、p.161、一般社団法人産業環境管理協会（2020）

(3)　積水化学工業株式会社、「"ごみ"を "エタノール" に変換する世界初の革新的生産技術を確立」https://www.sekisui.co.jp/news/2017/1314802_29186.html（accessed 2022-05-28）

(4)　グリーンインフラ研究会、「決定版！グリーンインフラ」、日経BP社（2017）

(5)　Nowak, D. et al. "Residential building energy conservation and avoided power plant emissions by urban and community trees in the United States", Urban Forestry & Urban Greening Vol.21, pp.158-165（2017）

(6)　Kraxner, F. et al. "Bioenergy and the city-What can urban forests contribute?", Applied Energy, Vol.165, pp.990-1003（2016）

第2部

第 3 章

デンマークの風力主力化モデル

デンマーク大使館　高橋叶

　事業性と資源ポテンシャルの両面において、風力発電は日本を含めた多くの国々にとって不可欠かつ優れた脱炭素技術である。風力発電の発展を初期からリードし、今なお順調に導入量を拡大し続けているデンマークでは、産業の発展に合わせて長期的・意欲的・安定的な政策目標を設定し、競争を適切に促してきた。また、経済インセンティブや透明性を高く保ち、簡便な手続き枠組みを整備し、柔軟な電力需給を実現するエネルギーシステムの構築に努めてきた。こうした先進的な取組みの中には、様々な状況が異なる日本においても大いに参考にできるものが数多く存在する。

Keywords

風力発電

デンマーク、風力政策、エネルギーシステム

1．はじめに

　世界的な脱炭素の潮流の中で、風力発電は多くの国・地域において重要なソリューションとなっている。技術革新と大規模化を通して発電コストは大きく低下し、今では最も安価な発電方式の一つとして存在感を発揮している。導入量は世界中で拡大し、例えば2019年には60.8GW だったものが、2020年には93GW に達した。累計の設備容量は743GW となり、約11億トンの CO_2 削減（南アメリカの年間排出量と同等）に貢献している[1]。

　我が国においても、2020年10月の菅内閣による2050年カーボンニュートラル宣言を契機として再生可能エネルギーの大量導入に向けた機運は高まりつつあり、同宣言に伴い策定された「グリーン成長戦略」の中でも、洋上風力が重要分野の一つとして設定された。一方で、我が国においてはまだコスト低減・導入や計画に関連する枠組みの整備・電力需給の最適化に向けた取組みなど様々な課題が残されており、先駆けて風力発電に取り組んできた先進諸国の経験をよく学び、望ましい支援策・導入枠組みを構築していかなければならない。

　小国ながらも、デンマークは風力発電の発展を初期からリードし、今なお順調に導入量を拡大し続けている成功例としてしばしば取り上げられる。本章では、デンマークがどのように風力発電の主力化を達成してきたのか、政策やエネルギーシステムの観点から論じることとする。

2．デンマークにおける脱炭素の取組状況・展望

　2012年 3 月の「エネルギー合意」により、デンマークは2050年までに化石燃料から完全撤退することを決定した。これは与野党関わらず国会議員の 9 割以上（179人中170人）が支持したものであり、例えば政権交代等があっても揺るがない断固たる決意として国民及び産業界にも広く歓迎されている。その「通過点」として設定されているのは、2019年12月に合意された「2030年までに1990年比で CO_2 排出量70％減」という目標であり[2]、さらに2021年 5 月にはその中間目標として「2025年までに50～54％減を実現」することが合意された[3]。

　こうした野心的な目標の裏側には、脱炭素社会への移行に向けて年々着実に進歩し続けている実績がある。2019年、デンマーク国内の電力生産量の67.5％は再生可能エネルギーが占め、前年2018年の60.5％から 7 ポイントの上昇を見せた。風力がその主力として46.8％を記録し、バイオマスが15.4％、太陽光や水力、バイオガスが残る5.3％を担った[4]。

3．デンマークの風力開発：歴史・現状・未来

3.1　歴史

　風力発電の「創始者」とも呼ばれるデンマークの物理学者ポール・ラクール（Poul la Cour）は、1891年に政府ファンドを用いて風力発電タービンを建設した。特筆すべきはその技術的研究開発だけではなく、ラクールは風力発電組合を組織して農村の電化を体系的に行なったという点で、導入の社会的枠組みにおいてもデンマークの風力開発の礎を築いた先駆者であると言える[5]。

　第一次・第二次世界大戦の期間を通じて研究開発が進められ、徐々にプレゼンスを向上させていった風力発電であったが、原油価格の安さと競走できず1962年にはファンディングプログラムを停止されることになる。

　デンマークにおいて風力発電が本格的に注力され始めるのは、1973～74年の石油危機以降のことである。当時のデンマークは、9割以上を輸入エネルギー（石油）に依存しており、原油価格の高騰により壊滅的なダメージを受けた。この経験は、デンマークの政治家に長期的な計画や規制の重要性を認知させることとなる。デンマーク初のエネルギー計画は1976年に策定され、その後3年間の間に電力供給法、熱供給法、天然ガス供給法と一連のエネルギー関連政策が形成されることとなる。同時期、デンマーク国内では原子力発電の導入が議論されるが、使用済み核燃料の処理や安全性への疑義から国民の反対運動が高まり、1985年には未来永劫原子力の導入は行わないことを決定した。原子力を選択肢から手放したデンマークでは、80年代を通して石油から石炭への移行が進み、少数の大規模石炭火力による電力供給システムが形作られるが、90年代からは小規模CHP（天然ガス）と風力による小規模分散型システムに移行していく（**図1**）。

　陸上風力に続いて、洋上風力に関してもデンマークはその発祥の地である。1991年、デンマーク南部に位置するロラン島の Vindeby 町に450kW×11基の洋上風力が建設され、これが世界初となった。その後複数の小規模な実証事業が実施され、大規模洋上ウインドファームの開発に繋がっていく。

3.2　現状

　デンマークエネルギー庁（Danish Energy Agency, DEA）が毎年取りまとめるエネルギー統計[4]によれば、2019年、デンマーク国内の電力生産の46.8％を風力発電が担った。2018年時点では40.3％、さらに遡って1990年では1.9％であり、年々大幅な拡大を達成している。設備容量は2019年に6,103MWであり、内訳は4,402MW が陸上風力、1,701MW が洋上風力となっている。洋上風力のプレゼンスは大きくなってきており、今後数年で陸上風力の設備容量を追い抜くと見られる。

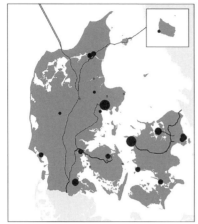

<table>
</table>

(a)　1985年

ウインドファーム
- ♦ 洋上風力、5-40MW
- ♦ 洋上風力、40-400MW
- ◇ 陸上風力、2-40MW
- ◇ 陸上風力、40-75MW

中央集中型プラント
- ● 50,0-100,0
- ● 100,1-500,0
- ● 500,1-1000,0
- ● 1000,0-1500,0

(b)　2015年

小規模分散型/商業用プラント
- ・ 2,0-20,0
- ・ 20,1-100,0
- ● 100,1-110,0
- ── 送電網、400kV

(出所：DEA[6])

図1　小規模分散型エネルギーシステムへの移行

　デンマークに限った話ではなく、国際的なトレンドであるが、風力の大規模化は著しく、新規案件の大半は2MW以上である（**表1**）。

表1　風力の規模別機数と設備容量

	1990年	2000年			2018年			2019年		
	陸上	陸上	洋上	合計	陸上	洋上	合計	陸上	洋上	合計
合計基数	2666	6194	41	6235	5394	558	6252	5673	558	6231
499kW 以下	2656	3652	11	3663	2227		2227	2219		2219
500-999kW	8	2283	10	2293	2395	10	2405	2380	10	2390
1000-1999kW	2	251		251	33		333	333		333
2000kW 以上		8	20	28	739	548	1287	741	548	1289
合計設備容量[MW]	326	2340	50	2390	4414	1701	6115	4404	1701	6103
499kW 以下	317	533	5	538	176		176	173		173
500-999kW	6	1512	5	1517	1633	5	1638	1622	5	1627
1000-1999kW	3	279		279	413		413	413		413
2000kW 以上		16	40	56	2192	1696	3888	2196	1696	3890

(DEA[4]より筆者和訳)

3.3　未来

　今後のデンマークの風力関連の動きで特筆すべきは、「エネルギー島」の建設である。これは「気候行動計画2020（Climate Action Plan 2020）」における最重要プロジェクトであり、北海上に１つ、バルト海上に１つ、それぞれ計画が進んでいる[7]。エネルギー島はデンマーク本土や近隣諸国への再生可能エネルギーの直接供給のほか、航空機や船舶、大型車両で活用できる「グリーン燃料」への変換においても大きな役割を担うことになる。海岸から100km離れた北海上に建設される「風の島」VindØ では、島内に整備される施設として、拠点港、ヘリポート、宿泊施設、エネルギー貯蔵システム、Power-to-X システム、高圧直流送電（HVDC）などを想定している。もう一方のエネルギー島は、VindØ のような完全な人工島ではなく、バルト海上に浮かぶ Bornholm 島を「電力ハブ」の建設地として活用する計画となっている。同プロジェクトでは、ドイツとデンマークの電力系統を連携する国際連系線が構築される計画となっており、すでにドイツの TSO（系統運用事業者）50Hertz 社とデンマークの TSO である Energinet 社の間で合意が取り交わされた。これらエネルギー島の周辺では洋上風力の大規模建設が見込まれており、2030年までに両島合わせて５GW を導入、その後も拡大予定である。エネルギー島の他に計画されている洋上風力プロジェクトは他に３つあり、デンマークの洋上風力設備容量は2021年６月現在の1.7GW から2030年には約９GW まで拡大する見込みである[8]。

４．風力の大量導入を支える政策

4.1　ファイナンス

　石油危機後、エネルギーシステムの転換を迫られたデンマークでは1979年、風力発電の事業費を補助するプログラムを開始した[9]。ピーク時で事業費の30％を補助した同プログラムは1989年に廃止を迎え、その後 FIT に切り替わっていく。FIT には発電事業者を需要の変動や市場の価格シグナルに関して無責任にさせる負の側面があるものの、風力発電黎明期のデンマークにおいて安定的で信頼できるインセンティブを与え、大きな推進力になったことは間違いない。しかしこの後、1999年に FIT 価格が大幅に下げられると、デンマークの風力開発計画は一斉に停止し、2004年から2008年の間には新規開発がほとんどゼロに等しくなった。

　2008年、２つの洋上ウインドファームの建設を盛り込んだエネルギー合意と合わせて、FIT は CfD（Contract for Difference、差額決済取引）に置き換えられることとなり、止まっていた風力の新規開発も再度盛り上がりを見せる。この頃

から、気候変動対策がエネルギー政策の柱となり、デンマークの再エネ導入はますます加速していくことになるが、それは必ずしも手厚い財政支援によるものではない。むしろ、適切なインセンティブを持たせながら競争環境を確保し、再エネ産業が経済的に自立していくまでの道筋を丁寧にデザインしてきた結果であると言える。

　現在、デンマークの風力が受け取るプレミアムの設定は、1）陸上風力およびオープンドア制度（Open-door Procedure）による洋上風力か、2）入札制度による洋上風力かによって異なる。1）オープンドア制度は指定海域における入札スキームを用いないあらゆる事業を指し、この場合市場価格に上乗せして25øre/kWh（約4.38円 /kWh）のプレミアムを受け取れるが、市場価格とプレミアムの合計に上限値として58øre/kWh（約10.15円 /kWh）を定めている[10]。すなわち、市場価格が33øre/kWh（約5.78円 /kWh）を超える場合、合計が58øre/kWh を超えないようにプレミアムが減少されていくことになり、例えば市場価格が45øre/kWh の時にはプレミアムが13øre/kWh に減額される。

　2）政府が指定する海域で実施される大規模洋上ウインドファームは、事業者の公募を行い入札によって決定される CfD 価格（落札価格）と基準価格（前年市場価格の平均）の差分をプレミアムとして受け取る。落札価格は事業の条件によって変動するため必ずしも明確なコストダウンは確認できないが、少なくとも最も近く実施された入札事業（2016年12月公募）ではそれまでの最低価格37.2øre/kWh（6.51円 /kWh）を達成している（それ以前に稼働した入札事業のCfD 価格は51.8〜105øre/kWh ＝9.07〜18.4円 /kWh）[8]。

　風力発電の自立化のためにも、あくまで市場メカニズムと連動しながら適切な競争環境を作っていくことが重要である。この点で、デンマークにおいては市場価格がマイナスになった時間帯はプレミアムを受け取れないようになっているほか、市場価格が CfD 価格よりも高い場合はその差分を逆に事業者側が支払うことになっている。また、CfD が適用されるのは全負荷時間（full-load hours）50,000時間分だけであり、これは約12〜15年に相当する。それ以後風力事業者が受け取ることができるのは、市場価格通りの売電収入のみである。

4.2　計画枠組み

(1)　社会的受容性の確保

　風力発電黎明期には、主に地元住民が事業を主導した。1996年までに2,100もの風力協同組合が組成され、2001年当時では建設された風力の86％が協同組合によるものだった[9]。その後風車の大規模化に伴い、風力開発は企業・産業界の果たす役割が徐々に大きくなっていくが、並行して地元住民の理解を得るための枠

組みが形作られていく事になる。

　事業者はまず、自治体に対して事業計画を提出しなければならない。これに対して自治体側は、住民からの意見や懸念を聴取するパブリック・コンサルテーション（Public Consultation）の期間を最低 2 週間設け、寄せられた意見に応じて事業計画のガイドライン及び環境アセスメントの枠組みを策定する。環境アセスメントは自治体が担当するが、実際には事業者との密な連携体制のもとで実施されることが多い。環境アセスメントの結果に基づき、再度パブリック・コンサルテーションが実施されるが、この段階では最低 8 週間と期間が長く確保されているほか、直接の説明会やヒアリングを通してより活発な双方向の議論が展開される。事業者は、住民の懸念する事項に適切に回答する各種資料を揃えて対応することが求められ、特に景観に関しては CG 等により実際に「建設される風車がどの場所・角度からどのように見えるか」を明瞭に示す必要がある。こうした手続きを経て、無事自治体から開発許可を得た事業のみが実施できる[11]。

　また、受容性の向上において重要な役割を果たすスキームとして、2009年から義務化された「所有権の一部を地元に開放する」という仕組みがある。事業者は事業費の少なくとも20%を地元出資に開放する義務があり、なおかつ地元新聞等を通して広く広報を実施しなければならない。対象者は自治体内の18歳以上のあらゆる住民だが、風車から4.5km 圏内に居住する住民が優先される。

(2)　自治体及び国によるイニシアティブ

　1994年から、陸上風力の設置地点の検討は自治体の役割となっている。すなわち自治体は、どこに、どの程度の規模で風力が導入できるかを明確に決定し、長期計画の中に組み込まなくてはならない。洋上風力の計画枠組みは1997年までに整理され、デンマークエネルギー庁（DEA, Danish Energy Agency）が所管することとなった。これらの計画策定においては、80年代から開発を進められた風況マップが検討の基礎になっている。

　1992年には、風力を含む全ての再エネによる発電設備が送電線への優先接続の権利を与えられたほか、電力会社には送電網の強化が義務付けられた。このような仕組みが導入初期から整えられたことが、風力の拡大や競争力確保において大きく貢献したことは間違いない。

4.3　洋上風力の入札制度

　デンマークでは、洋上風力発電所のための海域指定を国主導で行なってきた。設定された区域でのプロジェクト事業者は、入札によって決定される。1995年、DEA の主導する洋上風力の開発地点検討会が組成され、繰り返し開発区域のスクリーニングと指定を行ってきた。

　DEA は手続きの迅速化と簡易化を目指して、窓口のワンストップ化を実現している。すなわち、洋上風力の建設を希望する事業者は全ての必要な許認可を得るにあたって、DEA とのみやりとりすれば良い状態になっている。現在の入札手続きは、1）DEA による公募、2）事業者適格性の事前審査と入札条件に関する協議、3）価格入札の最終公募、4）事業者らによる入札、5）落札者の決定という流れで行われ、DEA が全体の統括を行う[8]。

　公募の前段階では、国営の TSO（Transmission System Operator、送電事業者）である Energinet 社が戦略的環境アセスメント（Strategic Environmental Assessment, SEA）および事前調査を担い、入札時に事業者が必要とする情報を収集し、公募時に公開する。SEA では鳥類影響調査や航行影響、騒音や漁業への影響を、事前調査では風況や海底地盤の調査を実施し、必要な情報を取りまとめる。なお、落札者は落札後にこれらの事前調査の費用を払い戻しするほか、実際の事業計画に即したより詳細な環境アセスメントを自ら実施することになる。

　デンマークにおける洋上風力の入札事例を一つ一つ分析したレポート[12]では、「柔軟性のない」オークション設計は入札参加者の減少と入札価格の高騰を招くとしている。5例目となった入札事業の Horns Rev III（2015年公募、2018年運転開始）以降は上記2）の通り公募要領に関して入札希望者が意見や質問を投げかけることが可能になっており、入札価格の意思決定がより高い確信度のもとで行われるようになった。

　デンマークにおける入札スキームは回を経るごとに改善を重ねており、その変遷は**表2**の通りである。

5．風力の大量導入を支えるエネルギーシステム

　変動性再生可能エネルギー（Variable Renewable Energy, VRE）である風力を電力供給の主役に据えるには、電力需要を適切かつ効率的にコントロールする様々な手段の確立が不可欠である。この点においてしばしば重要視される要素として、透明性が高く適切な競争を促す電力市場や、柔軟な電力系統の運用が挙げられる。これらのテーマに関してはデンマークを含めた各国の事例についてまとめた情報が日本語でも蓄積されてきているが、デンマークにおいて特徴的な電力需給手段としては、他分野との連携（セクターカップリング）がある。電気や熱、交通といったエネルギーの異なるセクターを全体として捉え、セクター間の連携を非常に効率的に進めているデンマークでは、**図2**のような、相互融通する堅固で高効率なエネルギーシステムを目指している。

表 2　デンマークの洋上風力入札の変遷

ウインドファーム名／設備容量 [MW]	Horns Rev II／209	Rødsand II／207	Rødsand II（再入札）	Anholt／400	Horns Rev III／407	Kriegers Flak／600	Thor／800-1000	Hesselø／1000-1200
入札完了年	2005	2005	2008	2010	2015	2016	2021	2022
CfD 価格	0.518	0.499	0.629	1.05	0.77	0.372	未決	未決
運転開始年	2009		2010	2013	2018	2021	2027	2027
事前調査実施権	○	○	○	○	○	○	○	○
発電所建設権	○	○	○	○	○	○	○	○
発電事業実施権	○	○	○	○	○	○	○	○
発電事業認定	○	○	○	○	○	○	○	○
発電所廃止に関する保証	○	○	○	○	○	○	○	○
TSO による洋上部の変圧設備・送電ケーブルの建設	○	○	○	○	○	○	×	×
戦略的環境アセスと事前調査の代行	×	×	○	○	○	○	○	○
DEA による環境アセス代行	○	○	○	○	○	○	×	○
業務不履行に関するペナルティ	×	×	○	○	○	○	○	○
建設未完に関するペナルティ	×	×	○	○	○	○	○	○
ペナルティ支払いに関する担保	×	×	○	○	○	○	○	○
入札前協議	×	×	×	×	○	○	○	○
事前審査	○	○	○	×	○	○	○	○
入札プロセス中の交渉	○	○	○	○	○	○	○	○
開発権の合意	×	×	×	○	○	○	○	○

（DEA[8]より筆者和訳）

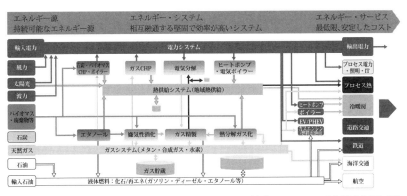

（出典：Energinet より筆者和訳加筆）

図 2　デンマークの目指すエネルギーシステム

　熱セクターでは、給湯や暖房のための温水を配管ネットワークで供給する地域熱供給と、それに付帯するCHPプラントおよび大規模蓄熱槽が大きな役割を果たしている。電力供給が過剰の際は電力価格が下がるため、電力を消費することにインセンティブが与えられる。CHPプラントを所有する熱供給事業者は電力価格が高い時に設備を稼働して売電を行ない、その時点では必要とされていない熱は蓄熱槽に貯めておく。そして売電価格が下がった際にはCHPプラントを停止もしくは出力を下げ、必要な熱供給を蓄熱槽から行なうという仕組みである。CHPプラントの出力は10～100％の範囲で調整可能で、一分間に3～4％の増減調整率で運用している[13]。

6．地域レベルでの取り組み事例

6.1　コペンハーゲン

　コペンハーゲンでは、2025年までにカーボンニュートラルな都市に移行すると宣言しており、もしこれが達成されればほぼ確実に「世界初のカーボンニュートラル首都」となる。コペンハーゲンでは2025年までに360MWの風力導入を目標に据えているほか、エネルギー需給のフレキシビリティを確保するための地域熱供給システム等への投資を計画している。これらの取り組みは市有のエネルギー・インフラ関連会社であるHOFOR社が担う上、市民出資も広く受け入れることとしており、市民に還元する経済的メリットをなるべく大きくするように工夫を重ねている[14]。

6.2　フェロー諸島

　アイスランドとノルウェーの間に浮かぶ18の群島で構成されるフェロー諸島は、デンマークの自治領として独自の政府を有する。人口49,000人で、孤立した小さな電力系統で様々な課題を抱えるフェロー諸島であるが、2015年には水力が約42％、風力約18％で60％の電力を再エネから供給しており、2030年には100％を目指す。

　課題となる電力需給の調整は基本的に水力（揚水発電）が担い、不足する分はディーゼル発電が対応している。特徴的なのは2012年から実証されているPower Hubと呼ばれるスマートグリッドシステムで、送電網のモニタリングを通して必要に応じて負荷調整を実施している。具体的には、一定時間電力供給が絶たれても耐えられる産業需要を一時的に電力供給先から切り離す等の手段が用いられる。対象となるのは主にヒートポンプや冷却装置であり、必要な温度帯によるが蓄電に似た特性を持っている。例えば冷凍庫の温度設定を過剰に低くして

も、保管している食品等に悪影響は生じないため、電力が余っているときに温度を低くし、不足するときには必要な冷却温度を超える直前まで電力供給を止めるなどが考えられる[9]。

7．おわりに

　本章では、デンマークが風力の大量導入を可能にしてきた歴史や仕組みについて論じてきた。紙面の都合上デンマークの紹介に留まってしまったが、日本の状況と照らし合わせながら日本での適用可能性について検討する作業は、ぜひ読者の皆様自身で取り組んでみて頂きたい。

　キーワードとして取りまとめておくならば、長期的・意欲的・安定的な政策目標、競争を促す適切な経済インセンティブ、透明性が高く簡便な手続き枠組み、エネルギーシステム全体を統合する俯瞰的な視点…このように整理できるだろうか。キーワードだけで見るならば、日本でも大いに参考にできそうなものばかりである。

　「デンマークは日本と全く状況が異なる」。そうした声は絶えず筆者のもとにも届くが、だからと言ってデンマークの取り組みが日本にとって参考にならないということにはならない。例えばよく言われるように、日本は他国から孤立した電力系統である。一方で、こちらはよく言われないが、一国で欧州の1/3にも匹敵する電力消費量を有し、地域間の電力融通にも大きなポテンシャルを有するという意味で、電気的には巨大なシステムである。違いを正しく認識することが第一歩目であり、何を取り入れ、何を取り入れないかを議論することが、より良いエネルギーシステムの構築に向けて進むべき道であると述べておきたい。本章が、その第一歩目を踏み出す上での力になれば幸いである。

＜参考文献＞

(1)　Global Wind Energy Council, "Global Wind Report", (2021)
(2)　State of Green, "During COP25, Denmark passes Climate Act with a 70 per cent reduction target", https://stateofgreen.com/en/partners/state-of-green/news/during-cop25-denmark-passes-climate-act-with-a-70-per-cent-reduction-target/, (accessed 2021-06-10)
(3)　State of Green, "Denmark announces new ambitious 2025 climate goal", https://stateofgreen.com/en/partners/state-of-green/news/denmark-announces-new-ambitious-2025-climate-goal/, (accessed 2021-06-10)
(4)　Danish Energy Agency, "Energy Statistics 2019", (2020)
(5)　牛山泉, "風力発電発祥の地：ポール・ラクール博物館を訪ねて"、風力エネルギー、Vol.35、No.3、pp.68-73 (2011)
(6)　Danish Energy Agency, "Overview map of the Danish power infrastructure in 1985 and

2015",

https://ens.dk/sites/ens.dk/files/Statistik/foer_efter_uk.pdf, (accessed 2021-06-10)

(7) State of Green, "This is what the world's first energy island may look like", https://stateofgreen.com/en/partners/state-of-green/news/this-is-what-the-worlds-first-energy-island-may-look-like/, (accessed 2021-06-10)

(8) Danish Energy Agency, "The Danish Offshore Wind Tender Model", (2020)

(9) Ea Enery Analysis, Energinet.dk, Danish Energy Agency, "Integration of Wind Energy in Power Systems-A summary of Danish experiences", (2017)

(10) Danish Energy Agency, "Procedures and Permits for Offshore Wind Parks", https://ens.dk/en/our-responsibilities/wind-power/offshore-procedures-permits, (accessed 2021-06-10)

(11) Danish Energy Agency, "Energy Policy Toolkit on Physical Planning of Wind Power: Experiences from Denmark", (2015)

(12) AURES II, "Auctions for the support of renewable energy in Denmark", (2019)

(13) 田中いずみ、高橋叶、"デンマークにおける風力の大量導入に向けた取組み"、日本風力エネルギー学会誌、Vol.43、No.1、pp.73-76 (2019)

(14) The City of Copenhagen, "CPH 2025 Climate Plan", (2012)

第2部

第 4 章

地熱エネルギーの活用

九州大学　分山達也

　日本の地熱発電技術は既に 50 年以上の歴史があり、これまで主に比較的地下浅部にある火山地域の熱エネルギーが利用されてきた。1996 年の電力自由化以降、地熱発電の新規開発は停滞期を迎えていたが、2012 年に固定価格買取制度が施行され、再び地熱発電は大きな注目を集めている。固定価格買取制度によって比較的小規模のバイナリー発電が利用可能になり、日本各地で導入が拡大している。地熱発電が将来の脱炭素化に大きく貢献するためには、コスト低下に向けた研究を進め、導入拡大に向けたロードマップを示すことが必要である。そして地域が主体的に、各地に適した地熱エネルギー利用の在り方を考えていくことが重要である。

Keywords

地熱発電

バイナリー発電

1．地球の熱エネルギー

　地球の内部は地球が誕生した際に蓄積された熱によって高温状態にあり、中心部（深さ6,370km）の温度は約6,000℃、地球の体積の99％が1,000℃以上と言われている。この地球に蓄えられた莫大な熱のうち、地下数 km から10km 程度にある熱の一部を取り出して利用するのが地熱エネルギーの利用である。地球の表層では、火山のない地域でも地下の温度は100m 深くなるとごとに3℃程度上昇し、例えば地下3km では100℃近くになる。さらに火山地域では、地下に1,000℃前後の溶けた岩石｜マグマ｜が存在する。このマグマから熱が運ばれることによって、火山地域では2～3km の深さで地下の温度が200～300℃に到達しており、普通地域と比較してより浅部で高温の熱エネルギーが存在している（野田徹郎・江原幸雄、2016）。日本では、このような熱エネルギーの一部が、古くから身近なところでは温泉として利用されている。

　日本の地熱発電技術は既に50年以上の歴史があり、これまで主に比較的地下浅部にある火山地域の熱エネルギーが利用されてきた。火山地域の地下で熱水や蒸気を蓄えている「地熱貯留層」に坑井の掘削を行い、蒸気を取り出して、タービンに送り、電気を起こす。この地熱貯留層は、火山地域であればどこにでも存在するわけではない。発電に経済的に活用できる可能性のある地熱貯留層を見つけることは地熱開発へ向けた重要な課題である。火山地域の地下で地熱貯留層が形成されるためには、① 熱水や蒸気が蓄えられる構造（貯留構造）、② 貯留構造への水供給、③ 水を加熱する熱源、の3つの要素が必要である。これらの条件がそろった地域で、地熱貯留層は次のように形成される。まず、地表から雨水が地殻中の割れ目を通って地下数 km に浸み込み、高温の岩石によって温められて熱水となる。そして熱水は、温度上昇によって体積が膨張したことで、軽くなって上昇を始める。熱水は上昇と伴に温度が低下し、熱水中に溶けていた岩石中の微小な粉末が析出・沈積し、地層中の割れ目を充填し、不透水性の地層（キャップロック）が形成される。このキャップロックによって、熱水が地下にとどまり、さらに上部からの冷たい雨水や地下水の流入が防がれることによって、高温の地熱貯留層が形成される。このような熱と水の流れのシステムは「熱水系」と呼ばれる。

2．地熱発電

　図1は地熱発電所の基本構成である。まず、地熱貯留層に生産井と呼ばれる井戸を掘って蒸気や熱水（地熱流体と呼ばれる）を取り出す。次に、井戸から生産

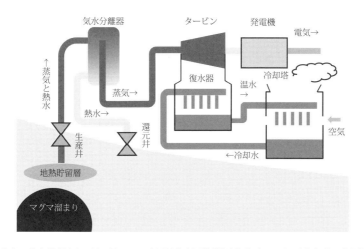

気水分離器　　　　　タービン　　発電機

電気→

↑蒸気と熱水

蒸気→

熱水→

復水器

温水

冷却塔

生産井

還元井

空気

←冷却水

地熱貯留層

マグマ溜まり

(出典：独立行政法人石油天然ガス・金属鉱物資源機構「地熱発電のしくみ」を参考に著者作成)

図1　地熱発電所の基本構成

された熱水や蒸気を気水分離器（セパレーター）によって蒸気と熱水に分離する。熱水は還元井を通して地下に戻され、分離した蒸気を用いてタービンを回転させ発電する。ここで、タービンを効率的に稼働させるためには、タービン出口の圧力を下げる必要がある。そこでタービンを回した後の蒸気は、タービン出口の復水器で冷却水によって冷却されて凝縮し、圧力が下げられる。凝縮されてたまった温水は冷却塔内で散水され、さらに冷却されて、復水器での冷却水として再利用される。このとき冷却塔から白い煙（微小な水滴や水蒸気）が噴出する姿は、地熱発電所の特徴の一つとなっている。

　還元井を通して地下に戻された熱水（還元水）は温められて再び地熱貯留層に戻るものと、そのほかの地層に流出するものがある。この熱水の還元は安定した持続的な地熱発電を行うための重要なプロセスの一つである。

　地熱貯留層から蒸気や熱水を生産すると、一時的に貯留層内の熱水や蒸気が失われることになるが、同時に貯留層の周囲から熱水や蒸気が補給され、回復することが知られている。これは、貯留層内の熱水や蒸気が生産されると、その部分の圧力が低下し、地熱貯留層と周囲の地層との間の圧力差によって、熱水や蒸気が流れ込むためである。このような生産によって周囲から補給される熱水や蒸気の量は、地熱地域や貯留層によって異なる。地熱発電を長期的に安定的に行うためには、地熱貯留層の規模やこの補給量に見合った持続可能な発電規模を決定することが重要である。

3．地熱発電の歴史

　地熱発電には百年を超える歴史がある。地熱開発年表（一般社団法人火力原子
力発電技術協会、2017）によると、1913年にはイタリアのラルデレッロで世界初
の商用的地熱発電所（250kW）が運転を開始している。日本では1918年に海軍
中将山内万寿氏が将来の石油・石炭の滅尽の時に備えて代用的熱源は地熱利用と
して、研究調査を実施し、蒸気噴出に成功したとされる。そして第二次世界大戦
後、1947年に地質調査所が地熱開発地域の選定に関する調査研究を開始し、地熱
発電技術の実験を経て、民間の東化工（現、日本重化学工業株）と共に松川地域
で調査を進めた結果、1966年に日本で最初の地熱発電所の松川地熱発電所（出力
9,500kW）が運転開始している。その後、東北、九州地域を中心に更なる調査が
行われ、1967年に九州で大岳発電所が運転を開始すると、さらに1970年代の大沼
地熱発電所、鬼首地熱発電所、八丁原地熱発電所、葛根田地熱発電所などの運転
開始につながった。

　1970年代には、オイルショックを契機に石油代替エネルギーの開発に向けたサ
ンシャイン計画がスタートし、1980年に新エネルギー・産業技術総合開発機構
（NEDO：New Energy and Industrial Technology Development Organization）
が設立され、地熱開発が推進された。サンシャイン計画では、2000年に

（出典：一般社団法人火力原子力発電技術協会(2017)を参考に著者作成）

図2　地熱発電の設備容量と地熱開発関連予算の推移

600MW、2010年に2,800MW という地熱発電の導入目標が掲げられ、NEDO の設立に合わせて地熱開発助成にかかる国家予算も1979年の40億円から翌1980年に150億円以上に上昇した。この地熱開発予算の高い水準は、その後1990年代半ばまで続いた。NEDO の設立以降、日本では十分な地熱開発予算を背景に全国各地で体系的な調査が実施された。これらの調査は、航空機や人工衛星を用いた広域的に地熱資源の有望地域を調査するものから、地域を特定し地表調査や物理探査によって地下の地熱資源を評価するもの、さらに調査のための井戸（調査井）による噴気試験を行い地熱発電所の事業計画策定を支援するものまで、段階的で体系的な調査プログラムを提供していた。これらの調査結果は、民間事業者が地熱発電事業を行う際の基礎資料として活用され、1990年代の地熱発電所の増加に貢献した。1995年には総設備出力は54万 kW に達し、世界有数の地熱発電技術を有する国となった。しかしその後、1999年に八丈島地熱発電所が運転を開始して以降、ながらく新たな発電所が建設されない地熱発電の足踏みの時代を迎えることとなった。1996年以降の電力自由化によって発電事業者がより安価な電源を求めるようになり、自然公園法・自然環境保全法の改正など開発規制の強化によって新規の開発候補地は限定され、地熱開発予算も減少し、地熱発電は発電事業者にとって投資効果の高い電源ではなくなっていた。

　しかし、2012年に施行された再生可能エネルギーの固定価格買取制度によって、地熱発電は再び大きな注目を集めることになった。再生可能エネルギーの固定価格買取制度は、再生可能エネルギー源（太陽光、風力、水力、地熱、バイオマス）を用いて発電された電気を、国が定める固定価格で一定の期間電気事業者に調達を義務づけるものである。地熱発電については15,000kW 未満のものは税抜40円／kWh で、15,000kW 以上のものは税抜26円／kWh で15年間の買取が義務付けられている（2021年度）。この固定価格買取制度の導入によって地熱発電の投資環境は大きく改善され、さらに2015年に環境省から発出された環境省自然環境局長通知によって、優良事例に限って国立・国定公園内における地熱資源の活用が一部認められるようにもなった。地熱発電の導入拡大目標が設定され、これまで地熱発電事業の導入拡大を阻んでいた障壁がいくつか取り除かれ、地熱発電の事業環境は大きく改善したといえる。その結果、新規事業者の参入が増加し、全国各地で新規の地熱開発に向けた調査が開始された。そして2019年5月には大規模なものとしては23年ぶりとなる山葵沢地熱発電所（46,199kW、秋田県湯沢市）が営業運転を開始した。

4．バイナリー発電

　固定価格買取制度の施行により、近年では主に小規模のバイナリー発電と呼ばれる発電方式で地熱発電の利用が拡大している。バイナリー発電は、未利用の温泉水や地下から得られた熱水や蒸気と、水より沸点の低い二次媒体（アンモニアや不活性ガス、炭化水素ガスなど）とで熱交換し、二次媒体を沸騰させて得られた蒸気によって電気を起こす方式である（**図3**）。バイナリー発電は従来の地熱発電（フラッシュ式と呼ばれる）より小規模であるが、より低い温度の地熱資源でも発電が可能となるため、未利用の温泉源泉や、低温のためフラッシュ式発電に用いることができなかった地熱資源を用いることで、より短期間で運転開始につなげられている。

　バイナリー発電では、従来のフラッシュ式の地熱発電と比較して小規模での発電が可能であるため、地元住民や企業が主体となって、発電利用が拡大していることも特徴の一つである。長崎県雲仙市の小浜温泉では、2015年9月から小浜温泉バイナリー発電所が事業運転を開始している。小浜温泉地域では1984年から1986年にかけて NEDO による調査が実施され、2004年には地熱関連事業者によって1,500kW 規模のバイナリー発電の導入に向けた掘削調査が計画されたが、地元の反対もあり中止となった歴史があった（渡辺貴史・馬越孝道・佐々木裕、2014）。しかし、2007年に長崎大学環境科学部と雲仙市、長崎県によって雲仙市を持続可能な社会へとすることを目的とした連携協定が締結され、改めて検討が進められた。その中で長崎大学環境科学部の地域自然エネルギー研究会が中心となって、市外の事業者や専門家とともに地域新エネルギービジョンや計画の具体化を検討した重点ビジョンの策定、地域住民との協議と協議会の設立を経て、2013年から210kW のバイナリー発電設備の実証実験が行われている。この実証実験の一部の設備がシン・エナジー社に買い取られ、設備の改良が加えられ現在

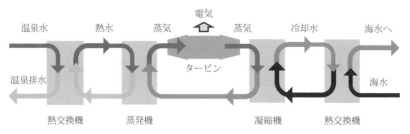

（出典：シン・エナジー株式会社小浜温泉バイナリー発電所構成を参考に著者作成）

図3　温泉バイナリー発電の基本構成

の小浜温泉バイナリー発電所が運転開始した。バイナリー発電を含む地熱発電において周辺の温泉関係者が危惧するのは、地熱発電や温泉バイナリー発電の実施に伴う源泉への影響である。以前の2004年におけるバイナリー発電の検討では、掘削調査に対する地元の合意が得られず計画は中止された。これに対して運転開始した現行の事業では、少数泉源の余剰水の活用に限定して事業が実施されており、温泉事業者の源泉への影響に関する懸念が少なく受入れやすいものであったと推察される。

　小浜温泉のケースでは、地元の取り組みの蓄積の結果醸成された地熱発電導入の土台に、外部の発電事業者が協力することで、バイナリー発電所設立に至っている。小浜温泉バイナリー発電だけでなくほかの地域でも、それぞれの地域にあった形でバイナリー発電の導入が進められている。例えば熊本県小国町では、杖立温泉熱バイナリー発電所やわいた地熱発電所などが運転を開始している。杖立温泉バイナリー発電所では、地元のグリーンパワー小国合同会社が事業主体となって発電事業を実施しており、わいた地熱発電所では地元の合同会社わいた会が主体として発電所の運用を中央電力ふるさと熱電株式会社に委託する形で事業が実施されている。これから各地でバイナリー発電を計画するにあたっては、発電所の規模や利用する源泉の状態に応じて適切な形態を検討する必要があるが、いずれにせよ地元の関与はより重要となるであろう。地域に適した地熱エネルギー利用が促進されるためには、住民が主体的に議論に参加し、脱炭素社会へ向けた地域の将来展望（ビジョン）を持つような地域づくりが求められる。

5．次世代型地熱発電の研究開発

　現在の地熱発電技術は、地熱貯留層から高温・高圧の蒸水や蒸気を採取し発電するものである。しかしエネルギー源となる地熱貯留層は、火山地域でどこにでも存在するわけではない。地下に高温の熱エネルギーが存在していても、蒸気や熱水を蓄える貯留構造や水供給が不十分なために地熱貯留層が十分に発達していないケースも多い。このような場合に、地下の高温の岩石の熱エネルギーを利用する発電方法として、高温岩体（HDR：Hot Dry Rock）発電の研究がおこなわれている。

　高温岩体の発電方法は、高温だが水のない岩石の熱エネルギーを利用して発電を行うために、岩盤に高圧の水を注入し、人工的に割れ目をつくり、水を循環させ、かつ熱を回収するシステムを造るというものである。高温岩体発電の技術が確立されれば、地熱発電の資源量は大幅に拡大すると期待される。松永ほか（2011）によると、高温岩体地熱発電の開発には、従来の地熱発電で用いられて

いた探査やボーリングの掘削、蒸気や熱水の生産、還元技術に加えて、岩盤内から熱を取り出すための流路を造る破砕（フラクチャリング）技術の確立が重要となる。この流路を造る破砕技術には、高圧の水を注入して岩盤に割れ目を造る水圧破砕と呼ばれる技術が用いられている。水圧破砕技術は、石油を掘削・生産する際に、石油やガス貯留層からの流入を増進する手法として用いられている技術である。しかし、地熱貯留層において、高温でより硬い岩盤を対象として水圧破砕を実施するには、使用する機器の耐熱性など課題も多い。また、形成された流路（割れ目）を使って、地上から水を循環させることで熱水や蒸気を生産するが、この循環の制御技術の開発も重要な課題の一つである。注入した水をすべて熱水や蒸気として回収するのはむずかしく、また大量の水も必要となる。近年では、さらにこの高温岩体発電の開発対象をより広げて、①透水性や貯留量が不足している地熱貯留層に対して、人工的に貯留層の拡張や蒸気・熱水などの涵養を行って経済的な発電を可能にするもの、②火山ではない地域の地下深部に人工的な熱水系を形成し、経済的な熱エネルギーの採取を可能にする研究が実施されている。これらは、強化地熱系（EGS：Enhanced Geothermal System）発電とよばれる（野田・江原、2016）。

6．将来の地熱エネルギー利用

　2015年7月に策定された長期エネルギー需給見通しでは、2030年度に地熱発電によって総発電電力量の約1％を目指すこととしており、これは現状の発電量の3倍にあたる。地熱発電の開発には長期の時間を要するため、直近の目標値は他の電源と比較して少ない。しかし地熱エネルギーは電力とともに熱の直接利用を拡大することで、エネルギーの脱炭素化へ向けてさらなる貢献も期待できる。これに加えて高温岩体発電や強化地熱系発電といった次世代の発電技術の進展があれば、2100年に向けて地熱エネルギーはさらに大きな脱炭素化の役割を担う可能性もある。今後、固定価格買取制度を受けて新規の地熱地域での調査や発電所建設を着実に進めるだけでなく、発電技術や探査技術などあらゆる側面でのコスト低下に向けた研究を進め、将来の地熱発電の導入拡大に向けたロードマップを示すことが必要である。

＜参考文献＞
(1)　野田徹郎・江原幸雄、「地熱エネルギー技術読本」、p.3、オーム社（2016）
(2)　独立行政法人石油天然ガス・金属鉱物資源機構、「地熱発電のしくみ」http://geothermal.
　　 jogmec.go.jp/information/geothermal/mechanism/mechanism2.html（accessed 2021-06-15）

⑶　一般社団法人火力原子力発電技術協会、「地熱発電の現状と動向2016年」一般社団法人火力原子力発電技術協会（2017）

⑷　シン・エナジー株式会社、「小浜温泉バイナリー発電所」https://www.symenergy.co.jp/business_ec/obama_onsen/（accessed 2021-06-15）

⑸　渡辺貴史・馬越孝道・佐々木裕、"長崎県雲仙市小浜温泉地域における温泉発電実証実験事業の成立過程の特徴"、ランドスケープ研究、Vol.77、No.5、pp.549-552（2014）

⑹　松永烈ほか、「地熱発電の潮流と開発技術」、p.341、サイエンス＆テクノロジー社（2011）

第3部

公平で速やかな都市の脱炭素化に向けた課題

第1章　都市の中の太陽光―導入拡大に向けた法的・制度的課題

第2章　公平なエネルギー転換：気候正義とエネルギー正義の観点から

第3章　脱炭素都市・地域づくりに向けた NGO の取り組み

第4章　資源ネクサスと行政計画京都市のケースを中心として

第3部

第 1 章

都市の中の太陽光
—導入拡大に向けた法的・制度的課題

自然エネルギー財団　工藤美香

「2050年カーボンニュートラル」の達成には、自然エネルギーの大量導入が不可欠であり、都市への分散型電源（太陽光発電）の導入加速化も急務である。建物の屋根にある太陽光発電ポテンシャルは、世界の都市で開発に取り組まれており、日本でも国レベルで、建物のネット・ゼロ・エネルギー化に向けた太陽光発電の設置義務化が話題になっている。屋根置き太陽光発電には、賃貸借契約や日照利益の保護などの法的論点があるほか、設置義務化に関し憲法上の論点も指摘されている。

需要家が電力を売る側にもなり、電力供給を担う電源の変化（大規模集中型から小規模分散型へ）は送配電網の運用も変化させる。従来型の電気事業を前提にした事業法等は、発想の転換が求められている。

Keywords

太陽光発電

屋根置き、設置義務化、財産権

1．はじめに ―「どこでも太陽光発電」が求められる将来

　2020年10月、菅義偉首相は「2050年カーボンニュートラル」実現に向けて動き出すことを宣言した。政府は、2021年4月には、日本の2030年の温室効果ガス削減目標を従来の2013年度比26％減から46％減（さらに50％削減に向けて挑戦）に変更し[1]、国際社会から遅れてきた政府の取組みもキャッチアップへの一歩を踏み出そうとしている。

　この目標を達成するためには、自然エネルギーの大量導入が不可欠だ。中でも太陽光発電は、計画から運転開始までの時間が相対的に短く[1]、また世界的にコストが急速に下がっており、自然エネルギーの中でも主力となると考えられる。自然エネルギー財団ほかの研究[2]によると、2050年脱炭素を自然エネルギー100％で実現した日本では、太陽光発電が524GW導入され、電力供給の48％を占める。これは、2020年3月末までに導入された太陽光発電（約56GW）[3]の10倍近くに相当する。また、2030年断面では、電力の45％を自然エネルギーで賄う場合、太陽光発電の導入量は145GWと想定される[4]。

　これまで日本では、太陽光パネルを土地に直に設置する事業用太陽光の導入が進んできたが、日本では平地が少なく徐々に大規模太陽光発電の適地も限られてくるとの指摘もある[3]。電力の需要地である都市は、太陽光発電が持つ分散型の特徴を活かし、自らの地域内に導入を加速化していく必要がある。それは、電化やデジタル化、生活様式の変化を持続可能な形で支える社会基盤となり、地震や風水害発生時にもライフラインを可能な限り維持するレジリエンスの観点からも要請されるといえよう。

　本稿は、都市における太陽光発電の導入拡大に欠かせない建物の屋根への導入について、設置に関する法的・制度的課題を中心に概観する。

2．屋根置き太陽光発電のポテンシャル

　都市の中の土地は建物で覆われているが、建物の屋根には太陽の光が当たっている。建物の屋根は、都市の自然エネルギー導入の大きなポテンシャルであり、例えばベルリン市では、屋根置き太陽光発電のポテンシャルは電力需要の約25％に相当すると分析されている[5]。世界中の都市がその開発に力を入れており、補助金を含む各種誘導措置を実施するほか、ロンドン市のように、各建物の屋根の

1　固定価格買取制度の事業計画認定から運転を開始すべき期限は3年間（10kW未満の場合1年間）。

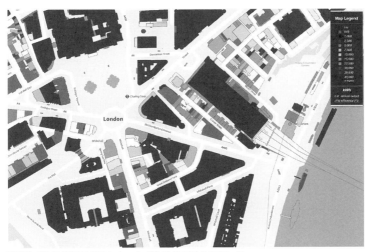

※建物ごとに発電量ポテンシャルが色分けで示されている。

(出典：London Solar Opportunity Map　ウェブページ)

図1　ロンドン市の「London Solar Opportunity Map」の画面

日射量を調査し、所有者が太陽光発電のポテンシャルを把握できる「ソーラーマップ」を公開する都市も増えている（**図1**）。

　日本でも、住宅用太陽光発電は固定価格買取制度の対象となっており、また地方自治体が独自に設置補助金を出すなどしている。統計によると、持ち家の戸建住宅のストック（約2,700万戸）のうち、約7％（約200万戸）に太陽光パネルが設置されている[7]。地方自治体が、公共建築物の屋根を貸して太陽光発電事業を公募し導入を進める例も多い。建物の持主が事業者に屋根を貸し、事業者が太陽光パネルを設置して建物の持主に電力を供給するビジネスモデルも普及してきた[2]。建物の持主は初期費用ゼロで太陽光発電設備を設置することができ、太陽光発電導入への敷居が下がる。

　なお、住宅への太陽光発電導入量は、固定価格買取制度開始時に比べて減少しており、買取価格の低下が設置意欲に影響を与えているともいわれるが、太陽光発電施設の導入コストは日本でも低下してきており（**図2**）、2030年には、蓄電池のコスト低下も相まって、蓄電池を併設しても外（電力会社など）から電力を

2　建物の持主と太陽光発電設備の持主（発電事業者）が違うことから「第三者所有モデル」とも、また、発電事業者と建物の持主との間で電力の売買契約（Power Purchase Agreement）が締結されることから「PPA モデル」とも呼ばれる。

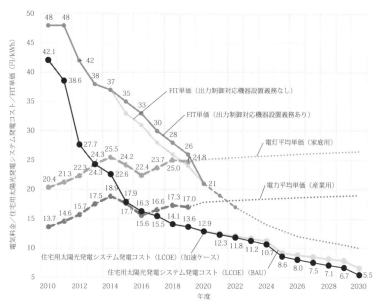

（出典：株式会社資源総合システム「住宅用太陽光発電システム市場の現状と
見通し（2021年版）」（2021年3月）

図2　住宅用太陽光発電システム市場における発電コスト想定

買うより安くなる可能性が指摘されている。

　住宅やオフィスビル、工場、店舗などの建物のほか、歩道や駐車場の屋根もポ
テンシャルである。米国マサチューセッツ州では、太陽光発電電力の買取制度の
中で、設置場所が歩道や駐車場の屋根の場合に価格の上乗せを行い、設置を誘導
している。

3．建物への太陽光発電の設置義務化？

　近時、国の審議会で、建物への太陽光発電設備の設置義務化が話題になった。
2050年脱炭素を実現するには、より一層の省エネルギーが必要だが、住宅や建築
物の省エネルギー化に向けて今進められているのが、ネット・ゼロ・エネル
ギー・ハウス（ZEH、「ゼッチ」）とネット・ゼロ・エネルギー・ビル（ZEB、
「ゼブ」）だ。断熱性能の向上や設備の省エネルギー化でエネルギー利用量を減ら
すが、これを全くゼロにすることは難しい。「ネット・ゼロ」にするためには
「創エネ」が不可欠であり、その手段の1つが太陽光発電の設置である。国は、
「2030年までに新築住宅の平均でZEHの実現を目指す」との目標を掲げ、各種

政策を実施してきたが、2019年度の新築注文戸建住宅における ZEH 供給戸数は約 2 割にとどまる[7]。ZEH や ZEB の目標達成のためには、これを義務化することも視野に入ってくる。こうした中、2021年 4 月から議論が始まった「脱炭素社会に向けた住宅・建築物の省エネ対策等のあり方検討会」（以下「あり方検討会」という）では、2019年に見送られた新築住宅に対する省エネルギー基準の適合義務化とともに、「新築住宅等への太陽光パネル設置義務化の意見」が論点となった。

　海外には、建物への太陽光発電設備設置を義務付ける例がある。米国カリフォルニア州では、2020年から 3 階建て以下の新築住宅への設置が原則義務化された。同州内にあるサンホセ市やパロアルト市は、新築建物に対し、将来太陽光発電施設の設置が可能となる配線設備を準備することが義務になっている。また、ニューヨーク市は、新築・大規模屋根修繕中の建物に、太陽光パネルの設置又は緑化を義務化している。同じ太陽光のエネルギーを活用するもので太陽熱設備の設置義務化を定める例（バルセロナ市）もある。

　日本でも、建物への再生可能エネルギー設備設置を義務付けている地方自治体がある。京都府と京都市は、2012年から一定規模の建築物に対して再生可能エネルギー設備の設置（太陽光に限らない）を義務付けており、2022年から対象となる建築物が拡大される（**表 1**）。

表 1　京都府・京都市における再生可能エネルギー設備設置義務

建築物の種別		特定建築物	準特定建築物	小規模建築物
延べ床面積の要件		延べ床面積2,000㎡以上の新築・増築[※1]	延べ床面積300㎡以上2,000㎡未満の新築・増築[※1]	延べ床面積10㎡以上300㎡未満の新築・増築[※1]
建築主の義務	再エネ設備導入・設置義務	○[※2]（義務量：延べ床面積に応じて 6 万～45万 MJ/ 年）	○[※3]（義務量：3 万 MJ/ 年）	（努力義務）
	計画書提出義務	○	不要[※4]	不要
	完了届提出義務	○	○	不要

※ 1　増築の場合は、増築に係る部分の面積
※ 2　義務量は、2022年 3 月31日までは 3 万 MJ/ 年、同年 4 月 1 日から延べ床面積に応じて表のとおり引き上げ
※ 3　準特定建築物に係る再エネ設備の導入・設置義務は、2022年 4 月 1 日施行
※ 4　京都市内で再エネ設備の導入が困難な場合、事前に協議。

（出典：京都府・京都市「京都府・京都市条例に基づく再生可能エネルギーの導入・設置等に係る建築士の説明義務制度の手引」表 2 - 1 を抜粋、筆者一部加筆）

4．法的課題

　以下では、都市における太陽光発電の導入に関連する主要な法的論点を紹介する。なお、詳細な法律論の検討は紙幅の都合上難しいため、概略にとどまることをご容赦願いたい。

4.1　屋根貸し太陽光と屋根の賃貸借契約の保護

　賃貸借契約の対象物の所有者が譲渡等で変更した場合、賃貸借契約の貸主としての地位は新しい所有者に当然には引き継がれない。賃借権を保護するための制度として、賃借権の登記制度や借地借家法による特別な制度もあるが、建物の屋根はこれらの対象外である。そのため、10年を超えるような長期間屋根を借りて発電設備を設置する電気事業者は、建物（屋根）の所有者が変更されるリスクを負うことになる。これに対しては、実務上、屋根の賃貸借契約の中で、貸主たる建物所有者に一定の義務を負わせることによりリスクの低減を図っていると考えられるが、法整備の要望もある。

　なお近時は、屋根の資材（瓦など）そのものが太陽光発電機能を持つなど、屋根と太陽光パネルが一体化したものも登場している。この場合、屋根と一体化した太陽光発電設備の所有者は基本的に建物と同一になると考えられるので（民法242条参照）、屋根の賃貸借契約を用いたものとは異なるビジネスモデルが活用されるだろう[3]。建物の新所有者と電気事業者との関係は、前所有者・電気事業者間の契約内容にもよるため一義的には決まらないが、建物を大きく改変しない限り太陽光発電設備の撤去が事実上困難であるという事情は、新所有者が現状のまま太陽光発電設備の利用を継続する（電気事業者との契約を継続する）一つのインセンティブになると思われる。

4.2　日照（受光利益）の保護

　太陽光発電設置後、周りに新たに建物等が建ち、日照が減少して発電電力量が減った場合どうなるか。建物が密集し隣の建物との距離が十分とれない都市環境では、日照の問題は切実となる。

　この点、居住空間で一定の日照を享受する権利は、法的に保護されている。建築基準法には日影規制等があり、また、明文の規定はないが、他の建物の建設等により日照が阻害された場合、日照権の侵害として損害賠償請求や建物の建築差

3　太陽光発電設備付き屋根の設置費用を電気事業者が負担し、建物所有者との電力に関する契約を通じて回収する場合、所有権留保などの担保権設定ができるかも問題となりうる。

止請求の対象となりうることが裁判例で確立されている。とはいえ、日照が少しでも減少すれば直ちにこうした請求の対象になるわけではない。自らが管理する土地にどのような建物を建てるかは、法規に従う限り基本的に自由とされているからである。そのため、日照の阻害状況が「受忍限度」を超える場合にのみこうした請求が可能とされている。

日照権は、居住空間の日当たり（生活利益）が問題とされており、太陽光パネルへの日当たり（経済的利益）が損害賠償請求の対象となるかは必ずしも明らかではなかった。しかしながら、太陽光発電者が太陽光発電のために太陽光を受光する利益（受光利益）は、私法上の権利とまではいえないが法律上保護に値する利益であるとして、損害賠償請求の可否を検討した下級審裁判例が出てきている[16]。同判決は、受光利益の侵害が違法となるかどうかの判断要素として、①被侵害利益である受光利益の性質と内容、②受光を妨げる建物が建築された所在地の利用用途、③周辺の地域性、④侵害される受光利益の程度、⑤侵害に至る経過、を挙げ、これらを総合的に考察し、侵害された受光利益と建物を建築する利益とを比較考量すると述べている。健康な生活を営む上で必要とされる居住空間の日照と、経済的価値に変化する太陽光パネルへの日照とは保護の度合いが異なると考える余地もあるが、太陽光の恵みを享受するという点では共通している。どのような場合に受光利益の侵害が違法となるか、損害額の算定方法等の考察は、今後の課題といえる。

なお、太陽光を遮る側の建物が建築基準法等に適合しているかどうかと、損害賠償や差止めの可否とは、法的には直接関連しない。建築基準法等は、行政上の規制ルール（公法）であり、損害賠償請求等の私法上の関係を規律するものではないからである。とはいえ、日照権が裁判を通じて確立する中で建築基準法上の規制（日影規制、同法56条の2）が整備されてきた経過にも照らせば、建築ルールと日照の利益保護は密接な関係があるといえ、太陽光発電の受光利益の確保も考慮に入れた法規の整備が考えられてよい。現在の建築基準法や都市計画法は、建物の屋根に太陽光発電設備が載ることは考えていない。今後、太陽光発電設備が建物に標準装備される都市を想定し、太陽光発電の設置義務化等が検討される場合には、高さ制限や斜線制限等の基準も併せて検討される必要が出てくるだろう。

太陽光パネルの反射光が生活に与える影響も、受忍限度論によって整理される。建物同士が近い都市では、こうした問題にも十分配慮が必要である。

4.3　景観との調和
街の景観を保全するため、多くの地方自治体は、条例で建築物や工作物の規制

を行っている。景観法は、地方自治体に景観計画の策定権限を与え、条例によって建築物や工作物の形態又は色彩その他の意匠（形態意匠）を制限できることとしている。地方自治体は、外観に影響を与える修繕・模様替・色彩の変更を届出制とし、良好な景観の形成のために必要があると認めるときは変更命令等を発することができる。また、地方自治体は、都市計画法に基づいて景観区域を設定し、建築物の形態意匠を制限することもできる。さらに、景観法によらない自主的な条例による制限もありうる。太陽光パネルは、その形状や色彩が限られており、こうした景観規制に合致しない可能性がある。

　今後、技術革新によって、形状や色彩が多様な太陽光パネルが使えるようになる可能性があるが、それまでの間は、その地域の特性をきめ細かく考慮し、太陽光パネルの設置が過度に制限されないよう、規制の検討・見直しが求められる。

4.4　太陽光発電設置義務化と憲法上の論点

　建物への太陽光発電設置義務化に関連し、憲法上の論点についても概観したい。「あり方検討会」（第1回）では、太陽光発電設置義務を含む規制的措置の導入について、財産権（29条）と平等権（14条1項）が関係する旨指摘された。

4.4.1　財産権

　憲法29条2項は、「財産権の内容は、公共の福祉に適合するように、法律でこれを定める。」と規定する。財産権に対する規制にはさまざまな性格のものがあるため、立法府に一定の裁量があるとされ、規制の目的、必要性、内容、その規制によって制限される財産権の種類、性質及び制限の程度等を比較考量し、立法の規制目的の正当性がないことが明らかな場合や手段に合理性のないことが明らかで、立法府の判断が合理的裁量の範囲を超える場合に違憲となるとされている。地球温暖化が深刻化する中、パリ協定の下で世界各国と共に日本が脱炭素に取り組むことは急務であり、今ある技術を活用してあらゆる脱炭素ポテンシャルを活かすという規制目的の正当性は、科学的知見を基盤に説明されることによって認められると考える。他方で、一律の設置義務化により未設置建物の所有が即時に禁じられるとなれば、人の生活に不可欠な住環境・労働環境の物理的存続が直接的に脅かされる事態となり、また住宅所有者にとっては高額な財産の価値を即座に棄損されることになる。さらに、太陽光発電設備の設置には一定の費用がかかるため、地域の気候や建物の周辺環境によっては、投資回収がうまくいかず、無用な経済的負担を負わされる可能性もある。このような規制措置は過度であり、合理性に疑問符がつく。設置の義務化に当たっては、地域差、建物の位置・周辺環境等義務化対象建物の選別、段階的導入、補助金や低利融資などの誘

導的措置の併用など、きめ細かな検討が必要と考える。

4.4.2　法の下の平等

　憲法14条 1 項は、「すべて国民は、法の下に平等であつて、人種、信条、性別、社会的身分又は門地により、政治的、経済的又は社会的関係において、差別されない。」と規定するが、法の下の平等の保障は、同条項が列挙する要素による差別にとどまらないと考えられている。また、一般に「不合理な差別」を禁じるものとされ、法のとる具体的措置が国民の基本的平等の原則の範囲内において、各人の年齢、自然的素質、職業、人と人との間の特別の関係等の各事情を考慮して、道徳、正義、合目的性等の要請により適当なものであるか否かを問題とする。太陽光発電設備の設置義務化に当たり、他者との間で著しい負担の差が生じるような基準が設定された場合などには、合理性を欠き平等権の侵害となりうる。

　なお、海外では、屋根置き太陽光発電設備の設置の推進が、社会的・経済的差別の固定化・拡大につながるとの観点から、平等・公平・正義の問題としても議論されている。その問題状況は以下のとおりである。

　太陽光発電設備を設置すると、設置者は電力を自家消費することにより電気代が安くなり、設置にかかった投資分もそのうち回収できる。外（電力会社など）から購入する電気料金には、送配電網の維持費などを含む送電料金（託送料金）が含まれているが、現在の託送料金制度は購入した電力量に応じて支払う従量制部分の割合が高いため、外から買う電力量の少ない需要家ほど託送料金負担が少ない。こうした利益を享受できるのは、太陽光発電設備を設置できる一戸建て所有者などの富裕層であり、富裕層ほど託送料金負担が少ない状況となる。

　他方、託送料金は、送配電網の建設や維持に係る費用総額が回収できるよう規制で決められている料金であり、送配電網を通じて購入される電力量が減るとその分単価が上がる。その結果、自宅に太陽光発電設備を設置できず専ら外から購入せざるを得ない富裕層以外の需要家が高い託送料金の負担を迫られ、電気料金が上がることになりかねない。現在の料金制度は、基本料金を低く抑えつつ、電力消費量が多くなるにつれ従量制の単価が上がる形になっており、電力消費量が少ない家庭の負担低減と、電力消費量が多い家庭の省エネルギー（電力消費量の低減）促進を意図したものとなっているが、この料金体系が逆進的な現象を引き起こしてしまう。

　こうした課題は、人種の違いなどを基底にした社会的・経済的格差が広く問題認識されている米国などで、平等・公平の問題として議論されている。日本でも経済格差は拡大しており、電気代を抑えるために夏の酷暑や冬の極寒時に冷暖房

が十分に使えない世帯が増加する可能性は大いにある[4]。日本ではまだ具体的な議論が始まっていないが、今後はこうした「エネルギーの貧困」問題を念頭においた政策検討も求められる。対応策として、例えば米国では、集合住宅など屋根置き太陽光が設置できない人々が出資して太陽光発電施設（コミュニティ・ソーラー）を建設し、その電力を購入する場合には自宅の屋根置き太陽光と同様の優遇サービスを受けられる制度を設けるなど、太陽光発電の利益を享受する機会の提供が行われている。また、託送料金制度のあり方も議論されており、カリフォルニア州では、屋根置き太陽光設置者への定額課金制度の導入や、従量制課金部分を大幅に縮小した上で収入別基本料金制度を導入するなどの提案も見られる。他方、電気事業や電力市場での対処ではなく、社会保障制度で対応する考え方もありうる。とりわけ託送料金制度の変更は、屋根置き太陽光発電普及の経済的インセンティブに影響を与えるため、制度変更による太陽光普及への影響などを数値的に評価することも求められよう。いずれの場合も、幅広いステークホルダーの参加を得て議論を進めることが肝要である。

5．終わりに

　都市への太陽光発電の大量導入には、設置に関する規制・法制度以外にも、さまざまな環境整備が求められる。数少ない電力会社が大規模発電所で発電して需要家に供給する、これまでの電気事業の形からの転換が必要になる。

　例えば、誰もが電力を売る時代が到来する。都市に導入された太陽光発電の電力は、昼間の自家消費、電気自動車（EV）への充電や蓄電池の併設による夜間の自家消費のほか、電力が必要な人に売られ、有効活用される。現在は、固定価格買取制度（FIT制度）の下で小規模施設からの余剰電力買取が行われているが、この制度はいつか終了する。都市にいる多数の発電する需要家が、より能動的に電力を売る市場を実現することで、経済的に成り立ち、太陽光の大量導入も進む。大手電力会社や電気事業者に売る以外に、個人間で売買する仕組み（Peer to Peer、P2P）の整備が1つのカギであり、ブロックチェーン技術の活用で技術的には可能になってきているが、社会実装には法制度上の課題整理が必要である。まず、現行電気事業法上電力を売れるのは小売電気事業者に限られている

4　気候変動の影響で酷暑・厳寒の発生頻度は増えると予想され、適切な冷暖房は、人々の命と健康を守る上で今後ますます重要になる。しかしながら、日本の多くの住宅・建築物は断熱性能が低いため、適切な冷暖房には多くの電気・エネルギーが必要である。この問題は、エネルギーの金銭的負担の公平性の問題だけでなく、住宅・建築物というインフラの問題でもある。

が、その登録に求められる義務は専門的で、小規模な需要家が小売電気事業者として登録することは現実的でない点が挙げられる。また、電力量の計測に関するルール（計量法等）にも柔軟性が必要で、現在国の審議会で詳細設計中である。さらに、売買する電力を送電する費用の考え方も再検討が必要である。送電費用は託送料金として設定されているが、現在の料金体系では、何 km も離れた発電所からの送電も 5 m 先からの送電も同じ費用となり、「電気を近くでちょっと買う」と費用が高くついてしまうからである。

　また、送配電網の運用の考え方も大きく変化する。これまでの電力供給は、大規模で発電量が一定の電源（火力や原子力）から需要地に送電するというものだったが（大規模集中型）、時間帯や天候によって発電量が変わる地域内の小規模電源（太陽光発電や蓄電池）が多数送電線につながる（小規模分散型）形が出現する。インフラを効率よく利用するために、これまではあまり重視されてこなかった配電線の電流（潮流）管理も求められるようになる。また、送配電網は、新たなプレーヤーが活躍する場となることで、技術的にも経済的にも革新が起こることが期待される。こうした新しい風を吹き込む枠組みとして、2022年度から新たに配電事業制度が開始される。現在（2021年 5 月）、その詳細制度設計が行われているが、配電事業者は、都市内にある自然エネルギーをその地で活用するプラットフォーム提供者として、重要な役割を果たしうる。諸外国には地方自治体が関与する配電事業者が多数あるが、日本の先進的な都市では、地方自治体が積極的に配電事業の枠組みを活用することもあるかもしれない。

　2050年脱炭素に向けて待ったなしの状況の下、技術革新と急速に変化する社会を前に、従来型の電気事業を前提にした法制度は発想の転換が常に求められる。制度改革・移行は不可欠だが、あまりに頻繁な制度変更はともすれば制度の安定性を損なうことにもなりかねない。需要家、市場参加者の多様な視点を取り入れながら将来像を適切に描き、ぶれない政策の軸のもとで法制度が柔軟に対応していくことが求められる。

（2021年 6 月脱稿）

＜参考文献＞

⑴　首相官邸、「地球温暖化対策推進本部」（2021年 4 月22日）
　　https://www.kantei.go.jp/jp/99_suga/actions/202104/22ondanka.html
⑵　公益財団法人自然エネルギー財団、「Renewable Pathways 脱炭素の日本への自然エネルギー100％戦略」（2021年）
⑶　資源エネルギー庁、「2030年に向けたエネルギー政策のあり方」、経済産業省資源エネルギー庁総合資源エネルギー調査会基本政策分科会（第40回）（2021年 4 月13日）資料 2
⑷　公益財団法人自然エネルギー財団、「2030年エネルギーミックスへの提案（第 1 版）自然エ

エネルギーを基盤とする日本へ」（2020年）
⑸　REN21、「Renewables in Cities 2021 Global Status Report」（2021年）
　　https://www.ren21.net/report-renewables-in-cities-2021/
⑹　Mayer of London、「London Solar Opportunity Map」、https://www.london.gov.uk/what-we-do/environment/energy/energy-buildings/london-solar-opportunity-map
⑺　国土交通省、「国土交通省説明参考資料」、国土交通省・経済産業省・環境省（3省共催）脱炭素社会に向けた住宅・建築物の省エネ対策等のあり方検討会（第1回）（2021年4月19日）
　　https://www.mlit.go.jp/jutakukentiku/house/content/001402197.pdf
⑻　株式会社社資源総合システム、「住宅用太陽光発電システム市場の現状と見通し（2021年版）」（2021年）
⑼　Commonwealth of Massachusetts、「Solar Massachusetts Renewable Target（SMART）Program」、https://www.mass.gov/info-details/solar-massachusetts-renewable-target-smart-program
⑽　「検討会における主な論点」、国土交通省ほか　脱炭素社会に向けた住宅・建築物の省エネ対策等のあり方検討会（第1回）（2021年4月19日）資料2
⑾　California Energy Commission、「2019 Building Energy Efficiency Standards」、https://www.energy.ca.gov/programs-and-topics/programs/building-energy-efficiency-standards/2019-building-energy-efficiency
⑿　New York City Department of Building、「DOB ANNOUNCES SUSTAINABLE ROOF REQUIREMENTS FOR NEW BUILDINGS GO INTO EFFECT」、https://www1.nyc.gov/site/buildings/about/pr-sustainable-roof-requirements.page
⒀　Center for Clean Air Policy、「The Solar Thermal Ordinance for Efficient Water Heating in Barcelona」、http://ccap.org/assets/CCAP-Booklet_Spain.pdf
⒁　京都府・京都市「京都府・京都市条例に基づく再生可能エネルギーの導入・設置等に係る建築士の説明義務制度の手引」（2021年）
　　http://www.pref.kyoto.jp/energy/documents/111.pdf
⒂　「第2回要望一覧と各省からの回答」、再生可能エネルギー等に関する規制等の総点検タスクフォース（第2回）（2020年12月25日）参考資料
⒃　福岡地判平成30年（2018年）11月15日（下級裁判所裁判例速報）
　　https://www.courts.go.jp/app/files/hanrei_jp/178/088178_hanrei.pdf
⒄　越智敏裕、"太陽光発電にかかる受光利益の法的保護性が認められたが、違法侵害はないとされた事例"、新・判例解説 Watch 環境法 No.83（2019年）
　　http://lex.lawlibrary.jp/commentary/pdf/z18817009-00-140831725_tkc.pdf
⒅　宮澤俊昭、"家庭用太陽光発電用ソーラーパネルの反射光と受忍限度"、再生可能エネルギーに関する法的問題の検討、JELI No.140、pp63-81（2018年）
　　https://www.meti.go.jp/shingikai/energy_environment/denryoku_platform/pdf/003_04_00.pdf
⒆　国土交通省ほか　脱炭素社会に向けた住宅・建築物の省エネ対策等のあり方検討会（第1回〜第4回）議論（2021年6月現在動画による配信）
　　https://www.mlit.go.jp/jutakukentiku/house/jutakukentiku_house_tk4_000188.html
⒆　諸富徹、「住宅への太陽光発電設備の設置義務化を見送ってよいのか」京都大学大学院経済学研究科再生可能エネルギー経済学講座ウェブサイト No.251（2021年6月17日）
　　http://www.econ.kyoto-u.ac.jp/renewable_energy/stage2/contents/column0251.html

⑳　Jeff St.John、「The battle over net metering 3.0 in California: Energy equity and the future of rooftop solar」、Canary Media（2021年 4 月12日）
https://www.canarymedia.com/articles/californias-net-metering- 3 - 0 -battle-energy-equity-and-the-future-of-rooftop-solar/

㉑　経済産業省次世代技術を活用した新たな電力プラットフォームの在り方研究会（第 3 回）（2018年11月27日）資料 4 （田中委員提出資料）

㉒　資源エネルギー庁特定計量制度及び差分計量に係る検討委員会事務局「特定計量制度に係る基準案及びガイドライン案等について」同検討会（第 3 回）（2011年 2 月10日）資料 2 - 1

㉓　資源エネルギー庁「次世代スマートメーターと差分計量等の検討について」総合資源エネルギー調査会 電力・ガス事業分科会 電力・ガス基本政策小委員会（第35回）（2021年 5 月25日）資料 5

㉔　資源エネルギー庁持続可能な電力システム構築小委員会における配電事業に関する議論・資料
https://www.enecho.meti.go.jp/committee/council/basic_policy_subcommittee/#system_kouchiku

※ウェブサイトの最終閲覧日は⒆を除きいずれも2021年 5 月31日である。

第3部

第 **2** 章

公平なエネルギー転換：
気候正義とエネルギー
正義の観点から

京都大学　宇佐美誠、筑波大学　奥島真一郎

　日本政府は欧米諸国に続いて、2050 年までに温室効果ガス排出量を正味ゼロにするという目標を掲げた。エネルギー転換の推進はいまや喫緊の課題である。他方、脱炭素化に向けた政策は、適切な配慮なしには、基本的エネルギーニーズを満たすのが困難な世帯（エネルギー貧困世帯）を増加させ、より深刻な状況に陥らせる。日本でも今後、温室効果ガスの排出削減と社会的公平性の追求という二つの目標の間に、厳しい相克が現れると予想される。このような問題状況を踏まえて、本章では、気候正義論やその背景にある分配的正義論に関する理論的考察と、基本的エネルギーニーズ・基本的炭素ニーズという新しい概念を用いた実証分析を行う。

Keywords

基本的ニーズ

エネルギー貧困、十分主義、包摂性

1. 脱炭素化をめぐる2つのエネルギー問題

1.1 エネルギー転換とエネルギー貧困

　人為起源とされる気候変動が加速度的に進行している。2015年のパリ協定では、地球の平均気温を産業革命前から2℃（できれば1.5℃）以内の上昇に抑えるという目標が掲げられた。だが、気候変動に関する政府間パネル（IPCC）は2018年、2030〜2050年には1.5℃を超えると予測し、さらに世界気象機関（WMO）は2020年、20％の確率で2020〜2024年に1.5℃に達すると予想している。こうした気温上昇は、すでに世界各地で台風・熱波・旱魃などの気象災害の増加をもたらしているとされる。

　深刻化する気候変動を緩和するためには、地球全体での温室効果ガス排出量を迅速・着実に減少させ、さらには吸収量と等しくする正味ゼロカーボンを目指さなければならない。特に、世界人口の1.6％を占めるにすぎないが第5位の大量排出国である日本の責任は重い。そこで、化石燃料への依存から脱却し、再生可能エネルギー（再エネ）などの代替エネルギー源へと転換する低炭素化さらには脱炭素化が、極めて重要となる。このようなエネルギー転換は喫緊の課題だと言ってよい。

　脱炭素化に関わるもう1つの問題は、エネルギー貧困（energy poverty/fuel poverty）である。エネルギー貧困とは、人々が生活する上で必要な家庭内エネルギーサービス（暖冷房、給湯、調理用など）を十分に享受できない状態である。日本では2000年代以降、エネルギー貧困率やエネルギー脆弱性（エネルギー貧困への陥りやすさ）は増加傾向にある[1],[2],[3]。現在の新型コロナウイルス感染症禍の状況では、失業・収入減や在宅時間の増加などにより、エネルギー貧困がいっそう深刻になっていると懸念される。

　エネルギー転換の要請とエネルギー貧困への対処は衝突する。化石燃料依存からの脱却は一般に逆進性を備えている。すなわち、すでに社会的・経済的に不利な位置にある脆弱世帯（低所得世帯、母子世帯等）に対して、さらなる負担を強いやすい。そこで、この2つの要請をどのように調整するかが、今後大きな実践的課題となる。

1.2 本章のねらい

　過去30年間に、気候変動をめぐる正義や責任に関する研究が、大きく発展してきた。これは近年には、気候正義（climate justice）と呼ばれている[4],[5],[6],[7]。気候正義論の一大論点は、地球全体での排出が許される温室効果ガスの総量を、世界中の個人の間でどのように分配するかである。グローバルな排出権分配の諸理

論は、後述するように、一国内でのエネルギー分配という文脈に応用可能だと考えられる。だが、気候正義論では、グローバル・レベルに視野が限定され[7]、各理論の国内レベルへの応用は行われてこなかった。

　他方、エネルギー正義（energy justice）は日本ではまだ馴染みのない概念だが、欧州を中心に急速に研究が進んでいる。具体的には、エネルギー利用に関して、①費用と便益の公平な分配や、②開かれた透明性の高い意思決定プロセスの確保などの論点を扱う[8]。エネルギー貧困は、エネルギー正義論の一大論点となっている。

　気候正義論とエネルギー正義論は、これまで無交渉のまま別々に発展してきた。だが、上述のように、気候正義論で支持されるだろうエネルギー転換は、エネルギー正義論で考察されてきたエネルギー貧困を深刻化させる傾向をもつ。しかも、グローバルな排出権分配理論は、国内のエネルギー消費の分配に転用されうるから、エネルギー貧困に関する実証的知見と接合可能である。そのため、気候正義論の成果とエネルギー正義論のそれとを照合し統合するならば、従来は得られなかった新たな知見が得られるだろうと期待される。このような基本認識の下、本章では、気候正義論における排出権分配の理論と、エネルギー正義論における実証分析の結果とを結合させることにより、今後の日本が直面する社会正義上の課題について考察する。

　次節以降では、まず、気候正義論での排出権分配という論点を説明した上で、2つの主要理論を素描する（2．）。次に、日本でのエネルギー貧困の現状を概観した後（3．）、基本的炭素ニーズという新しい概念を紹介し、その分析結果について考察する（4．）。それらを踏まえて、最後に、エネルギー転換における公平性がもつ重要性を指摘する（5．）。

2．気候正義論

2.1　平等な排出権？

　気候変動が国際社会のアジェンダに上された1990年代初め、気候変動をめぐる哲学的・倫理学的考察が始まり、後に気候正義論と呼ばれるようになった。その一大論点は、グローバルな温室効果ガス排出権の分配をめぐる分配的正義である。2℃以内の上昇など、何らかの気温目標が設定されると、地球全体で排出してよい温室効果ガスの最大量が算出される。あるいは、ゼロカーボンの目標により、許容される最大排出量が直接に設定される。次に、この排出量を地球上のすべての個人で分配する必要があり、その際に分配的正義が問われるのである。

　グローバルな温室効果ガス排出権の分配について、多くの理論家が支持してき

た理論は、平等排出説と呼ぶことができる。それによれば、個人は、どの国に住むかを問わず、等しい1人当たり排出量への権利をもつ。平等排出説は、分配的正義一般に関する平等主義が、排出権の分配に適用されたものだと解される。平等という理念は直観に強く訴えるから、この見解が広く支持されてきたのもうなずける。

　しかし、平等排出説に対しては、厳しい気候の下に住む人々に対して不公平だとの批判がある。例えば、フィンランド人は、長く厳しい冬の間、暖房用に追加的排出を行う必要があるが、フィリピン人は、この排出をする必要がない。ところが、半等排出説は、フィンランド人にフィリピン人と等しい排出権しか認めないから、不公平だと指摘されてきた。

2.2　基本的ニーズ

　いく人かの理論家は、いわば基本的ニーズ説を提唱している。その先駆的研究は、途上国での生計用排出と先進国での奢侈的排出を区別した上で、前者への権利を保障しつつ、後者を限界づけるべきだと論じた。また、後の一研究は、国内的には燃料面での貧困層の基本的ニーズを満たす一方で、国際的には危険な温暖化を引き起こさない仕方で貧困層の発展を可能にするべきだと主張する。

　基本的ニーズ説をさらに発展させるためには、2つの水準の基本的ニーズを区別する必要がある。一方は、居住国を問わず健康かつ安全に生きられるという生存水準ニーズであり、食料・衣料・シェルター・基礎的医療などからなる。他方は、各人の居住国で社会的・経済的に最小限の品位ある生活を送れる品位水準ニーズであって、初等・中等教育、職業機会、余暇なども含まれる。生存水準にとどまらず品位水準のニーズも充足するために必要な排出権が、地球上のあらゆる個人に保障されるべきだと考えられる。基本的ニーズ説は、分配的正義一般に関する十分主義と似た構造をもつ。十分主義は、一定の閾値までを万人に保障する一方で、閾値を超える領域での再分配を否定する。

　基本的ニーズ説は、ニーズの充足に必要な排出量が、社会の地理的条件によって大きく異なることを認める。家のなかで凍えずに過ごすことは生存水準のニーズだが、フィンランド人はフィリピン人と異なって、このニーズを満たすために追加的排出が必要である。そこで、基本的ニーズ説はフィンランド人には追加的排出権を認める。

3. エネルギー貧困

3.1　エネルギー貧困とは？

　2000年代以降、欧州を中心に、エネルギーや水などの人々の基本的ニーズに関わる財・サービスについての貧困が、大きな社会問題として認識されてきた。エネルギー貧困もそのような潮流の1つであると言える。エネルギー貧困とは、前述の通り、人々が生活する上で必要な家庭内エネルギーサービスを十分に享受できない状態を意味する。ここで言う家庭内エネルギーサービスとは、暖冷房・給湯・調理などのサービスをさし、自家用自動車利用のような移動に関わるサービスは含まない。

　エネルギー貧困を測る指標として様々なものが提案されているが、最も有名なものとして、10％指標がある。本指標では、家庭内エネルギーサービスに関する支出額が所得の10％を超える世帯または個人が、エネルギー貧困状態にあると識別される。日本で言えば、電気代・ガス代・灯油その他のエネルギー代を足したものが、エネルギー支出額に相当する。

3.2　日本のエネルギー貧困

　10％指標を用いて、家計のエネルギー貧困率を地域別に示したのが、**図1**である。黒が冬（2月）の、白が夏（8月）のエネルギー貧困率を表している。**図1**から、北に行くほど冬の貧困率が高くなり、また冷房ニーズが中心である沖縄以外では、夏より冬の貧困率が圧倒的に高いことが分かる。この結果は、気候の違いによる特に暖房ニーズの違いを大きく反映している。10％指標は、定義からも分かるように、アフォーダビリティ（支払能力）指標の一種である。そのため、エネルギー代支払い負担の重さを示しているものの、3.1で言うエネルギー貧困、すなわち人々が家庭内エネルギーサービスを十分に享受できているか否かを直接的に示しているわけではない。日本のように多様な気候をもつ国においては、支払能力指標を用いたエネルギー貧困評価の有効性に一定の限界があることが知られている。

　それでは、より直截に、基本的エネルギーニーズ、すなわち家庭内エネルギーサービスに関する基本的ニーズ（本章では熱量ベースで評価）を満たせていない家計をエネルギー貧困と定義することはできないだろうか。このような観点から開発した新指標を用いてエネルギー貧困を評価したのが、**図2**である。ここでの基本的エネルギーニーズは、人々が住む地域の気候、住居タイプ、家族構成などの違いを調整して算出されている（具体的な手法については、文献[10],[11]を参照）。この手法においては絶対的貧困概念ではなく相対的貧困概念を用いており、これ

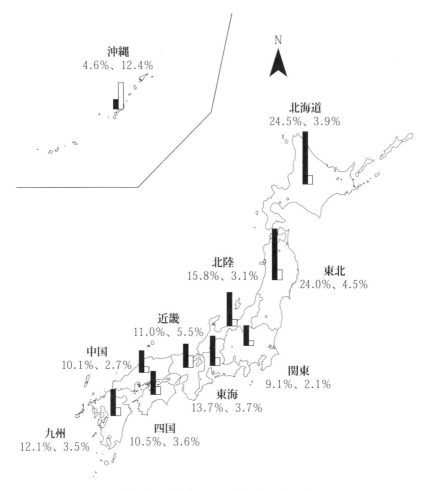

図 1　日本の10地域のエネルギー貧困率
（10%指標による。黒色2017年 2 月、白色2017年 8 月）[9]

は2.2で触れた品位水準ニーズに対応している。

　この新指標を用いてエネルギー貧困を判別すると、北日本だけでなく四国・九州・沖縄などの西日本においても、エネルギー貧困率が高い（**図 2**）。このように、適切な量のエネルギーサービスを得られていない世帯の割合は、必ずしも北日本でのみ高いわけではない。

　以上の結果から、現在の日本においても、家庭内エネルギーサービスに関する金銭的負担が重く（**図 1**）、基本的エネルギーニーズを十分に享受できていない

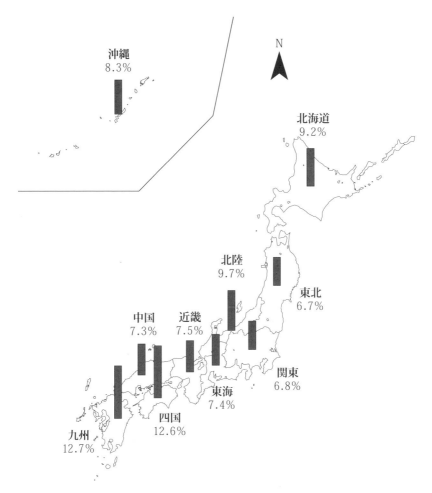

図2　日本の10地域のエネルギー貧困率
（基本的エネルギーニーズを享受できていない世帯の割合、2018年度）[10]

（図2）人々は少なくないと言える。これらの人々への配慮なしに脱炭素化のための政策を導入し、そのための費用を ——固定価格買取制度（FIT）やカーボンプライシングを通じて—— 一律に課すことは、エネルギー正義の観点からは由々しき問題となる。

４．基本的炭素ニーズ

4.1　基本的炭素ニーズとは？

　図２においては、エネルギー貧困の現状を、基本的エネルギーニーズを享受できていない状態という観点から評価した。基本的エネルギーニーズの概念は、家庭内エネルギーサービスのみを対象としているという限定はあるものの、気候正義論における基本的ニーズと類似した概念である。エネルギー貧困は、気候正義論、さらには分配的正義論の観点からも理解できるのである。分配的正義論の十分主義の観点からは、基本的エネルギーニーズをすべての人々に保障するべきだという示唆が得られ、これはエネルギー貧困の解消を意味する。

　それでは、基本的エネルギーニーズ概念を応用して、気候正義に関わる二酸化炭素排出量の分配問題をより直截に評価できないだろうか。このような問題意識から開発されたのが、本節で扱う基本的炭素ニーズという概念である。基本的炭素ニーズは、各家計または各個人が基本的エネルギーニーズを満たすために必要な二酸化炭素排出量として定義される（**図３**）。前述の通り、各家計の基本的エネルギーニーズは、居住地域の気候や住居タイプなどによって異なる。それに加えて、基本的炭素ニーズは、各家計が家庭内エネルギーサービス利用のために実際に使用するエネルギー源の種別構成（電気・ガス・灯油等の利用割合）、再エネへのアクセス（自宅での太陽光発電の有無など）、さらに各家計が購入する電力の実際の電源構成（発電における石炭・石油・天然ガス・原子力・再エネ等の割合）にも依存する。

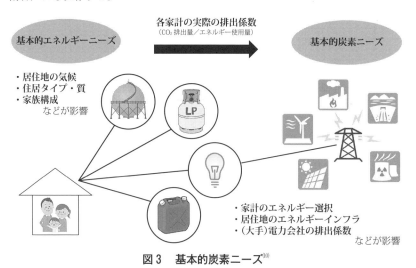

図３　基本的炭素ニーズ[10]

4.2　日本での基本的炭素ニーズ

　このような基本的炭素ニーズの量を家計レベルで推計し、10地域別の平均で表したものが、**図4**である。本節での基本的炭素ニーズについては、比較を容易にするために、世帯人数2名で基準化している。

　図4から、北日本、特に北海道においては、主に暖房ニーズの大きさを反映して、基本的炭素ニーズも大きいことが分かる。2．での気候正義に関する理論的考察から、北海道・東北・北陸に住む人々には、その基本的ニーズの大きさを反

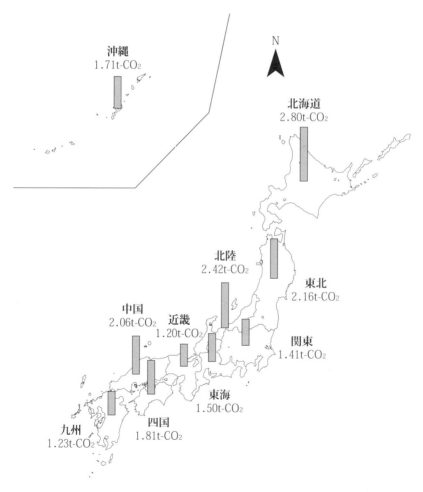

図4　日本の10地域の基本的炭素ニーズ（二人世帯、2018年度）[10]

映した一定の追加的二酸化炭素排出を認めるべきだとの示唆が得られる。無論、北海道内にも大きな差があり、どのレベルまでの差を配慮するかについては、政策的判断が必要となる。なお、北日本の暖房ニーズは灯油利用と強く結びついていることから、灯油の代替による基本的炭素ニーズの削減が、今後重要となる[9]、[11]、[12]。

　さらに、気候の差に加えて、地域による電力の電源構成の違いも重要である。日本では、北日本を除いて、欧州などと比べて暖房ニーズが小さく、その結果、基本的炭素ニーズの量も相対的に小さい[13]。しかし、北日本以外の基本的炭素ニーズにもばらつきがあり、中国・四国・沖縄では比較的大きく、関西や九州は小さい（図4）。例えば、沖縄では、冬でも温暖な気候を反映して、基本的エネルギーニーズが10地域のなかで最も小さい。それにもかかわらず、基本的炭素ニーズが全地域のなかで相対的に大きい。その原因は、沖縄における石炭火力発電の割合の高さにある。他方、関西や九州の基本的炭素ニーズが小さいのは、原子力発電の影響も大きい。分析対象の2018年度には、関西電力・四国電力・九州電力のみが原発を稼働させており、その影響が人々の基本的炭素ニーズの大きさに反映している。さらに、再エネ利用に関する地域間・家計間の格差も重要であり、今後の脱炭素化の過程でより大きく影響してくると考えられる[9]、[12]。

　このような電源構成の違いによる基本的炭素ニーズの違い、より広く言えばエネルギーインフラの質の格差（都市ガスへのアクセスを含む）による基本的炭素ニーズの違いは、低炭素エネルギーへのアクセスに関する地域間・家計間の格差の存在を示している。気候等の違いによる基本的エネルギーニーズの違いに加えて、このように各人の責に帰せられないアクセス格差の存在は、日本が今後エネルギー転換を推進してゆくにあたって、十分な配慮が必要な点となる。各家計・各個人の基本的炭素ニーズの大きな違いを無視して、単純に経済効率性の観点から、エネルギー転換に関する費用を（カーボンプライシングの強化等を通じて）一律に負担させることは、気候正義やエネルギー正義の観点からは、公平性を損ないかねない深刻な問題である。今後、新たに導入される脱炭素化政策が大胆であるほど、このような公平性の考慮がいっそう重要となる。

5.　公平なエネルギー転換に向けて

　脱炭素化に向けたエネルギー転換を包摂性のある公平なものにするためには、すべての人々が少なくとも基本的ニーズを享受できる仕方で、二酸化炭素排出量を削減してゆく必要がある。いわば「誰一人取り残さない」脱炭素化が求められるのである。

　以上で用いた基本的炭素ニーズの概念は、エネルギー貧困研究の文脈から、家庭内エネルギーサービスのみを対象としている。だが、移動サービスやその他の財・サービス利用からの間接的排出分を加えた基本的ニーズ全体を対象とした分析を行っても、類似の結論を得られる。

　もっとも、基本的炭素ニーズはあくまでも派生的ニーズであって、本質的ニーズではない。今後、脱炭素化技術の導入が進めば、人々の基本的炭素ニーズ量は減少してゆくことになり、それこそが望ましい。しかし、太陽光発電や電気自動車という低炭素化・脱炭素化の手段にアクセスできるのは、現状では高所得層・中所得層などの比較的恵まれた人々に限られている。この論点への関心が強い欧州においても、包摂的な脱炭素化の実現は大きな課題だと認識されている。日本で脱炭素化を進めるにあたっても、同様の強い問題意識をもつ必要がある。

　公平なエネルギー転換を実現するためには、これまでのように自然科学や工学、経済学のみならず、経済学以外の社会科学、さらには哲学という人文学の知見も重要となる。本章がこのような学際的研究の第 1 歩となれば幸いである。

＜参考文献＞

⑴　奥島真一郎、"「エネルギー貧困」・「エネルギー脆弱性」・「エネルギー正義」：日本における現状と課題"、科学、Vol. 87、No. 11、pp. 1019-1027（2017年）

⑵　Shinichiro Okushima, "Measuring energy poverty in Japan, 2004-2013", *Energy Policy*, Vol. 98, pp. 557-564（2016年）

⑶　Shinichiro Okushima, "Gauging energy poverty: A multidimensional approach", *Energy*, Vol. 137, pp. 1159-1166（2017年）

⑷　宇佐美誠、"気候の正義：政策の背後にある価値理論"、公共政策研究、No. 13、pp. 7 -19（2013年）

⑸　宇佐美誠編、『気候正義：地球温暖化に立ち向かう規範理論』、勁草書房（2019年）

⑹　宇佐美誠、『気候崩壊：次世代とともに考える』、岩波書店（2021年）

⑺　宇佐美誠、"気候危機と法哲学"、法哲学年報2020（近刊）

⑻　奥島真一郎、"「エネルギー正義」について"、科学、Vol. 87、No. 11、pp. 1009（2017年）

⑼　Raúl Castaño-Rosa and Shinichiro Okushima, "Prevalence of energy poverty in Japan: A comprehensive analysis of energy poverty vulnerabilities", *Renewable and Sustainable Energy Reviews*, Vol. 145, 111006（2021年）

⑽　Shinichiro Okushima, "Energy poor need more energy, but do they need more carbon?: Evaluation of people's basic carbon needs", *Ecological Economics*, Vol. 187, 107081（2021年）

⑾　Shinichiro Okushima, "Understanding regional energy poverty in Japan: A direct measurement approach", *Energy and Buildings*（VSI: Energy Poverty Varieties）, Vol. 193, pp. 174-184（2019年）

⑿　Andrew Chapman and Shinichiro Okushima, "Engendering an inclusive low-carbon energy transition in Japan: Considering the perspectives and awareness of the energy poor", *Energy Policy*, Vol. 135, 111017（2019年）

第 3 部　公平で速やかな都市の脱炭素化に向けた課題

⒀　Sondès Kahouli and Shinichiro Okushima, "Regional energy poverty reevaluated: A direct measurement approach applied to France and Japan", *Energy Economics*, 105491（forthcoming）

第3部

第 3 章

脱炭素都市・地域づくりに向けた NGO の取り組み

気候ネットワーク　豊田陽介

　脱炭素社会の実現のためには、国のみならず、民間企業、地方自治体、NGO や市民社会をはじめとする非国家主体の役割も重要になってくる。NGO においては政策提言等のアドボカシー型の活動とともに、地域の市民、事業者、自治体等で展開される気候変動対策への積極的な寄与がより一層求められる。環境 NGO 気候ネットワークでは、脱炭素都市・地域の実現に向けた気候変動対策のモデルづくりにも力を入れている。気候ネットワークが関わってきた、市民・地域共同発電所、脱炭素教育プログラム、地域新電力事業を事例的に紹介するとともに今後必要な対策や考え方についてまとめた。

Keywords

脱炭素都市・地域づくり

市民・地域共同発電所、脱炭素教育、地域新電力

1．脱炭素社会に向けた NGO のビジョンと活動
1.1　パリ協定に整合した削減目標と「行動」の必要性

　パリ協定では、国のみならず、民間企業、地方自治体、NGO や市民社会をはじめとする非国家主体の役割の重要性にも言及している。民間企業においては RE100や RE Action、SBT などのイニシアティブへの参加が加速している。また地域においても2019年以来、全国の自治体による「2050年度 CO_2 排出量実質ゼロ（2050ゼロカーボンシティ）」の宣言が進んできた。さらに近年はスウェーデンの少女グレタ・トゥーンベリさんを震源地とした若者たちによる気候正義を求める「Fridays for Future（未来のための金曜日）」の活動が全国各地に広がっている。各セクターでの脱炭素社会へ向けた気運の高まりや、今回の国のカーボンニュートラル宣言及び2030年目標の発表を受けて、いよいよ地域でも CO_2 排出実質ゼロを具体的に達成するための対策や方策を実現していくことが重要な課題となる。

　気候ネットワークでは、パリ協定の1.5℃の気温上昇に抑制するためには、日本政府が示した現在の目標では不十分であり1.5℃目標に整合させるためには60％以上（2013年比）の削減が必要との提言レポートを発表している[1]。一方で日本政府が2030年の目標を発表したことによって2030年に向けて何をすべきなのかという議論が国内でも活性化しているのも事実である。

　そう言ったことからも、今後の NGO 活動においては政策提言などのアドボカシー型の活動とともに、地域の市民、事業者、自治体等で展開される気候変動対策への積極的な寄与がより一層求められると考える。

1.2　脱炭素社会の実現に向けた気候ネットワークの活動の概要

　NPO 法人気候ネットワークは、気候変動枠組条約第3回締約国会議（COP3）をきっかけに誕生して以来、気候変動対策に取り組む市民・団体のネットワーク組織として活動している。国際交渉や日本の政府へのロビー活動、独自の調査研究にもとづく政策提言などのアドボカシー型活動とともに、地域単位での気候変動対策モデルづくりを重視し、自らも京都市内を中心に省エネルギー、自然エネルギー、環境教育などに関する実践活動を行っている。近年は脱石炭キャンペーンや金融機関に対する株主提案の実施、さらにそのネットワークを活かして先進的な気候変動対策モデル事例を各地に広げる役割（情報提供に加えて活動支援や人材養成も含めて）を担うなど、その活動は多様化している。

---

[1]　提言レポート「2050年ネットゼロへの道すじ」https://www.kikonet.org/press-release/2021-03-19/Path-to-NET-Zero-by-2050

　本章ではこうした脱炭素社会の実現に向けた NGO の取り組みとして、筆者が所属する気候ネットワークが関わる活動を中心に、主に市民参加型の再生可能エネルギー普及の取り組み、脱炭素社会を生きる次世代の養成、気候変動対策と地域貢献・活性化に資する新電力事業、の3つの分野の事例を紹介する。また、章末では今後必要な対策や考え方についてもまとめる。

2．市民参加型の再生可能エネルギー普及の取り組み

2.1　市民・地域共同発電所の広がり

　脱炭素の実現のためには、再生可能エネルギーを中心としたエネルギー供給構造への転換が重要である。そのためには再生可能エネルギーの大幅導入が求められる。再生可能エネルギー100％地域づくりのように、地域でのエネルギーの地産地消を進めることは、地域のお金の流れを変え、人にお金を払うことで雇用を生み、地域に人を集め、地域社会を元気にすることにつながる。こうした好循環を地域で生み出すために重要なことは、「誰が」その担い手になるのかということだ。

　日本における再生可能エネルギー導入の実態を見ると、2012年7月からの固定価格買取制度（以下、FIT 制度）の施行後から太陽光発電を中心に急速な導入が進んでいるが、その多くは首都圏に本社を置く企業所有のものがほとんどである（櫻井2018）。地域外企業によるメガソーラーの建設は、自治体への固定資産税等の収入はあっても、そこで得られる売電収入そのものは地域外に流出することになる。また、全国で地域外企業の大規模メガソーラーに対して、景観への配慮等を理由に地元からの反対運動も起きている。これでは地域経済に好循環をもたらすことはできないどころか、地域外企業による大規模施設の建設は住民による建設反対を招き、再生可能エネルギー導入そのものを停滞させることになりかねない。地域の主体が所有・出資してこそ円滑な導入につながり、地域内経済循環を生み出すことができるようになるのである。そういった地域の所有・出資にこだわった取り組みが、「市民・地域共同発電所」である。市民・地域共同発電所は、市民や地域主体が共同で再生可能エネルギーの発電設備の建設・運営を行う取り組みである。そのために必要となる資金を、寄付や出資などの形で共同拠出すること、またそこで得られる発電収入は、出資者や地域に配当・還元されることが大きな特徴となる。

　市民・地域共同発電所は、1993年に宮崎で始まり、1997年に滋賀で2例目となる取り組みが生まれて以降、全国に広がりを見せ2016年には1000基を超えるまでになっている[2]（**図1**）。気候ネットワークでも全国の取り組みを支援するととも

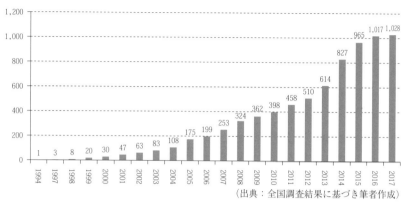

（出典：全国調査結果に基づき筆者作成）

図1　市民・地域共同発電所の推移（基数）

に、モデル作りにも取り組んできた。そうした経験に基づきいくつかの市民・地域共同発電所の事例について紹介する。

2.2　都市と農村の交流による市民・地域共同発電所づくり

　「自然エネルギー市民の会」（以下、市民の会とする）は、市民主導で風力、太陽光、バイオマス、小水力などの自然エネルギーを普及することにより、危険な気候変動を防止し、原子力に頼らない持続可能な社会の実現を目指して、2004年7月設立された市民団体である。筆者も立ち上げ時から現在までメンバーとして活動に関わっている。市民の会の主な活動内容は、再生可能エネルギーによる市民・地域共同発電所づくり、普及啓発、環境教育、環境エネルギー政策提言などである。市民・地域共同発電所については、2006年3月に10kWの太陽光発電を東大阪の保育園に設置した。その後、FIT制度の成立後の2013年5月には市民の会も参加する有限責任事業組合（LLP）が主体となり30kWの太陽光発電を広島市内に設置した。また、同年9月には福島県農民連との協働で福島県に50kWと260kWの太陽光発電所を設置している。

　福島りょうぜん市民共同発電所は、市民の会と福島県農民連の協働のもとに作られた太陽光発電所である。福島県農民連からの相談をきっかけに、福島第一原子力発電所の事故からの復興と、地域のエネルギー自立を主な目的としてスタートしたプロジェクトである。この実現にあたっては、福島県農民連の組合員が伊達市霊山町に所有する土地に、市民の会が全国の市民から出資を募り、50kWの

2　この調査（JSPS科研費JP26380189）は、全国100団体へのアンケート調査と過去に実施してきた調査で得られたデータを基に更新・集計をおこなったものである。

（出典：福島県農民連提供）

図2　福島あたみまち市民共同発電所の完成を祝う会の様子

市民共同発電所を、福島県農民連も同じ敷地内に独自に資金調達を行い105kWの太陽光発電所を建設している。

　りょうぜん市民共同発電所は、総事業費の約2000万円を全国の市民からの出資を集める形で資金調達を行った。出資募集の条件は、一口20万円、配当率1.2%で、りょうぜん市民共同発電所では、売電収入の2%相当を「福島復興基金」として積み立て、地域の活性化に活用していくことを約束するというものであった。これに対して全国から多くの出資が集まり、最終的には2000万円を1000万円以上も上回る程の出資申し込みとなった。単なる発電事業にとどまらず、福島の復興支援につながる取り組みとして評価されたことで、多くの市民の支援を集めることにつながったのだろうと思われる。

　その後、りょうぜん市民共同発電所に続き、2号機となる「あたみまち市民共同発電所」も1号機同様のスキームで、全国から多くの方の出資金を集めて260kWの太陽光発電が建設された。あたみまち市民共同発電所の完成を祝って2015年4月に現地で行われた「祝う会」には、全国各地から駆けつけた出資者、市民の会の会員、農民連のメンバーが参加した（**図2**）。このように市民共同発電所づくりを通じて、福島と全国の人々との間には新しいつながりが生まれ広がっている。こうした都市と地域が協働した自然エネルギー開発は、持続可能な地域のエネルギー自立を実現する一つの方向性として考えられる。

2.3　公共施設等を利用した都市での市民・地域共同発電所づくり

　京都では認定NPO法人「きょうとグリーンファンド（以下、KGF）」や一般社団法人「市民エネルギー京都」が公共施設等の屋根を生かした市民・地域共同発電所づくりが進められてきた。

　KGF は、気候変動や脱原発に関心のある主婦を中心に設立し、2000年から市民からの寄付をもとに、お寺や児童施設等のコミュニティに太陽光発電を設置する活動を進めてきた。2001年3月に最初の市民共同発電所を京都市左京区にある法然院・森のセンターに設置して以降、その後も継続して合計24機、累計出力約196kW の発電所を、京都市内を中心に設置してきた。これらの取り組みの中で、KGF は、関係者が参加できる学習と参加の場をコーディネートし、地域の賛同と理解を得た上で寄付を募り、その資金を元に施設への太陽光発電の設置事業を代行する役割を果たしている。特に設置場所を中心としたコミュニティに太陽光発電を設置する意義を浸透させるための説明会や学習会、完成時には関係者や寄付者を集めて行う点灯式など、参加型のプロジェクトになっていることがその特徴である。また、発電所の完成後も設置場所が「エコ施設」となるように学習会の開催への講師の派遣、プログラムの提供、雨水タンク等の追加的な自然エネルギー設備設置などの継続的なフォローアップを行っている。

　このほか京都では、気候ネットワークをはじめとする団体や個人との協働で発足した「一般社団法人市民エネルギー京都」が、出資型の市民・地域共同発電所を設置している。市民エネルギー京都は、京都市が公共施設を市民による発電事業のために無償で提供する「京都市市民協働発電制度」を活用し、小学校や道の駅など4ヶ所に合計166.8kW の太陽光発電を建設している。この他、京都生協の2ヶ所の店舗の屋根を借りて、81.2kW の市民・地域共同発電所を建設している。これらの設置にあたっては、京都市民を中心にしたファンドによる出資募集や地元の京都信用金庫からの融資で資金調達を行っている。

　都市部においては十分な再生可能エネルギーの設置場所を探すことや、その消費エネルギーの全てを都市の中だけで賄うことは非常に困難である。そういったことからも都市の中の公共施設等のスペースを有効活用することに加えて、福島での事例のように再生可能エネルギー資源の豊富な他地域と連携・協働した再エネ導入を進めていくことが脱炭素化のための有効な方策になると考える。

3．脱炭素社会を生きる次世代の養成

3.1　脱炭素教育プログラム「こどもエコライフチャレンジ」

　教育分野においても、脱炭素社会づくりの担い手となる人材の養成、ライフスタイル転換のための仕組みづくりに取り組んでいく必要があると考えている。

　京都市における脱炭素教育プログラム「こどもエコライフチャレンジ（以下、エコチャレ）」は、気候変動やエコライフに関する理解を深めるとともに、家庭へのエコライフの浸透を図ることを目的とした環境教育プログラムである。気候

ネットワークと京都市、京都青年会議所との協働事業として2005年 1 校での試行からはじまり、2007年からは京都市地球温暖化対策室の主管事業となり気候ネットワークが委託を受けて学校での授業の実施も含めて企画・運営を担っている。当該事業の実施校数は、毎年拡大し2010年には京都市立全小学校（2010年度177校）で実施されるようになり、その後2021年現在に至るまで全校実施を継続している。

　エコチャレのプログラムの特徴としては、夏休みまたは冬休み前に事前学習会を開催し、休み期間中に実践、休み明けに振り返り学習会を開催するという、実践的かつ継続的なものになっていることだ。その成果として、2021年までにエコチャレに参加した児童数は12万人以上になり、全校実施によって児童を通じた家庭へのエコライフの浸透が見られている。児童自身がエコライフへの取り組みを記録したエコライフチェックの結果を見ても、全ての項目で行動が改善し、教員向けアンケートでも、児童の行動変容についての報告が多数寄せられている。

　この他の成果として、活動に参加する市民ボランティアの中にはエコチャレを通じて環境問題に関心を持つようになり、他の環境ボランティアや温暖化防止活動推進員に登録したという市民も増えていることが挙げられる。

3.2　海外での脱炭素都市づくりへの貢献

　近年ではエコチャレのような脱炭素教育プログラムへの関心も高まりを見せている。近年はそうしたニーズに応えるために、全国20以上の地域からの見学や視察の受け入れ、実施のための研修やアドバイスを行なってきた。その結果、日本国内では、気候ネットワークの支援を受けて、エコチャレをベースにした脱炭素教育プログラムが、岡山県、大田市（島根県）、尼崎市（兵庫県）等で継続実施されている。

　さらに2012年からは日本で開発・実施されてきた脱炭素教育プログラムを、アジアの大都市イスカンダル・マレーシア開発地域（以下 IM 地域）へ適用してきた。マレー半島南端に位置し、ジョホールバルを中心とする IM 地域では、2011年に同地域での温室効果ガス排出を40％削減するための低炭素社会シナリオ「Low Carbon Society Blueprint」を発表した。また、その実現のための10のパイロットプロジェクトの一つとして、京都市でのエコチャレをベースにしたプログラムを、イスカンダル開発地域の189校の公立小学校でも実施していくことになった（**図3**）。気候ネットワークが協力し、2013年秋には「イスカンダル・マレーシア版エコライフチャレンジ（略称：IMELC）」を、IM 地域の23の小学校で試行し、その後2014年には80校、2015年には全ての小学校（226校）へと拡大していった。

（撮影：豊田陽介（2018年11月））

図3　イスカンダル・マレーシアでのエコライフチャレンジ実施の様子

　2016年からは、コミュニティを主体としたIMELCの自立的運営・実施を目指す発展型のプログラム（通称：IMELC＋＋）の開発・普及のために、JICA草の根技術協力事業を通じた資金の提供等を含めた支援を行なってきた[3]。

　2018年にプロジェクトが終了した後も、IMELCはIM地域で継続するとともに、同地域を内包するジョホール州内へと拡大している。IMELCの成果として、その実施に伴って各学校での電気や水、廃棄物の削減につながったことが報告されている。今後は学校からコミュニティ、家庭へとエコライフが浸透していくことによる新興国のライフスタイルの転換につながっていくことが期待される。

４．気候変動対策と地域貢献・活性化に資する新電力事業

4.1　再エネ転換を目指す「パワーシフト・キャンペーン」

　都市での脱炭素化のための有効な手段の一つが、再生可能エネルギー電力の選択である。2016年4月から完全電力小売自由化が始まり3年が経過し、これまでに全国でおよそ20％の家庭が電力会社の切り替え（スイッチング）を行なった。

---

[3]　2016年から2018年末にかけてJICA草の根技術協力支援事業に採択され「マレーシア国低炭素社会実現に向けた人材育成とネットワーク拠点づくりプロジェクト」の一環として実施した。

それに伴い全国で新たに小売事業に参入する会社も増加し、2021年5月13日までに721の事業者が小売電気事業者として登録されている。電力供給における旧一般電気事業者の割合はまだまだ高いものの、新たな事業者の参入によって多様化が進みつつあり、自治体や地域の主体が出資する自治体新電力、地域新電力も全国で40を超え増加傾向にある（稲垣2020）。

　2015年3月に気候ネットワークも参加し実行委員会形式でスタートしたパワーシフト・キャンペーン（以下、パワーシフトC）は、自然エネルギーが中心となった持続可能なエネルギー社会にむけて、電力（パワー）のあり方を、変えていく「パワーシフト」を進めるためのキャンペーンである[4]。パワーシフトCでは消費者の持続可能な電力会社への切り替えを促すために、再エネへの取り組み状況や電源構成の公表など一定の基準を満たした電力会社の紹介を行ってきた。気候ネットワークでも、パワーシフトC参加団体として手軽にできる気候変動対策として再エネを選択する「パワーシフト」の重要性を発信してきた。それに加えて、地域新電力会社の設立支援にも積極的に取り組んでいる。地域新電力の発足は地域での気候変動対策と地域の課題解決に寄与する重要な取り組みであると考えている。そこで実際に設立に関わってきた2つの地域新電力について紹介する。

4.2　僧侶が作った電力会社「TERA Energy（テラエナジー）」

　「TERA Energy 株式会社」（以下、テラエナジー）は、僧侶が中心となって立ち上げた新電力会社である。気候ネットワークやみやまスマートエナジーなどのメンバーが協力して、2018年6月に発足した（**図4**）。

　テラエナジーの特徴は、主に契約をした寺社や宗教法人の関連施設や個人家庭などに電力の供給を行い、その電力料金の2.5％に相当する金額を、社会活動・環境活動を行うお寺やNPOにテラエナジーから寄付する仕組みになっていることだ。「経済的に恵まれない子どもたちに向けた寺子屋を開設して、教育の格差をなくしたい」「寺域の盆踊りを復活させたい」「草引きや雪かきなど、檀家さんや寺域の暮らしの困りごと解決に取り組みたい」と考えているお寺も多く、そんな活動の資金に、収益の一部を充てていく。また、お寺と直接の関係性のない一般家庭では、社会活動・環境活動を行うNPO（京都自死・自殺相談センター、気候ネットワーク等）に寄付することができる。さらに、テラエナジーが供給する電力の再生可能エネルギーの割合（FIT電気含む）は70％以上と非常に高く、消費者がテラエナジーを選択することは社会活動への貢献とともに気候変動対策

4　パワーシフトキャンペーン power-shift.org

（写真提供：TERA Energy 株式会社）

図4　テラエナジーの発足記念記者発表会の様子

にもつながる。

　テラエナジーは、2019年6月から中国地方での電力供給をスタートさせ現在は北海道、北陸、沖縄を除く全国のエリアでの電力供給を行っている。今後は、より多くの支援者、顧客の獲得を図っていくとともに、全国の支援者と協力して地域での再エネ電源開発を進めることで地域エネルギー自立と再生可能エネルギー100%社会づくりへの貢献を目指していく予定である。

4.3　たんたんエナジー

　たんたんエナジー株式会社は、地域エネルギー事業を通じて、京都府、特に北部地域における脱炭素化と地域内循環を実現することを目指して、2018年12月に設立された地域新電力会社である。その設立は、事前に京都府における地域エネルギー事業体設立に関する検討を行なってきた龍谷大学の研究プロジェクトを中心に、龍谷大学、京都府地球温暖化防止活動推進センター、気候ネットワークのメンバーが中心になって行われた。

　たんたんエナジーは、名前の由来でもある京都府の丹波・丹後地域を中心に小売電気事業を行っており、現在は福知山市の公共施設や地元企業を中心に電力供給を行っている。特徴的なのは FIT 電気＋再エネ証書による「たんたん電気再エネ100（CO_2ゼロ）」メニューを提供していることだ。消費者は通常の電力料金メニューに1.5円/kWh あたりの上乗せ料金を払えば「再エネ100%・CO_2ゼロ」の電気を選ぶことが可能になる。現在は希望する家庭や事業所に加えて、福知山市の市庁舎や小中学校、福知山城などに再エネ100%電力が供給されている。

　今後、たんたんエナジーでは電力事業による収益を地域の再エネ普及や地域活性化に活用することを予定している[5]。最近では、地域貢献と家庭向けの販促として、家庭用電気を新規に契約いただいた方全員に、丹波・丹後地域の生産品（肉、魚、酒、調味料、加工食品など）をプレゼントするキャンペーンを地域の生産者と協力して実現している[6]。電力契約を通じて地域の地場産品に注目をしてもらい、ファンを作り、その後の継続的な購入につなげることで一次産業・六次産業の応援にもなることが期待されている。

　このようにテラエナジーやたんたんエナジーは、電力事業を通じて地域の脱炭素化と活性化に貢献しようとしている。都市部とは状況は異なるかもしれないが、先述したように都市だけで消費するエネルギーを賄うことが困難な中で、こうした地域新電力と連携して持続可能な再エネ開発と再エネ電力の供給を実現していくことも有効な対策の一つになると考える[7]。

5．脱炭素社会の実現に向けたマインドチェンジの必要性

　日本人の多くは気候変動対策と聞けば、「冷暖房の設定温度を１度高く・低く調整すること」や「テレビを見る時間を短くすること」、「シャワーの時間を短くすること」など、我慢やサービスの質を低下させる個人の努力のことだと捉えられている。"我慢"の省エネは辛く、不快で生活の質を引き下げるので、長続きしない。こうした気候変動対策の捉え方が、日本において脱炭素社会への移行が支持されない要因になっていることが指摘されている（木原2020a、木原2020b、江守2020）。本来の気候変動対策は、健康増進や医療費の削減、低所得者の光熱水費の削減や社会参画の後押し、地域経済の活性化、地域雇用の創出など様々な便益をもたらし、生活を豊かにすることが期待できる。現在、日本でも気候変動対策をコベネフィットに考えることや、SDGs の視点を取り入れることが指摘され始めている。これからの日本における気候変動対策は"我慢するもの"とは対極の"地域を元気にするもの"に変わっていかなければならない。都

5　電気代（消費税や再エネ賦課金を除く金額）の２％を、丹波丹後地域での再エネの増加や省エネに活用する。

6　新規加入者向けに2021年５月１日～６月30日にかけて「電気でつながるおいしい丹波・丹後キャンペーン」を実施した。

7　2021年５月に日本で最初に RE100に加盟したリコーが再エネ調達における基準を発表している。その中では地域の再生可能エネルギーとの共生が掲げられていることからも、再エネ開発における持続可能性を追求していくことは、今後ますます重要な要素になってくると考えられる。

市や地域での脱炭素化を推進するためにも、気候変動対策を CO_2 削減のためだけの限定的な対策とすることなく、例えば再エネ等によって創出された付加価値を活用して、地域における様々な社会課題を解決していくというような地域運営につなげて考えていくことが重要になると考える。

　その実現のために私たち NGO においても、政策提言だけにとどまることなく、自治体をはじめとする多主体との連携を進め、持続可能な脱炭素都市・地域のモデルづくりに取り組んでいきたい。

＜参考文献＞

⑴　稲垣憲治、「自治体新電力の現状と地域付加価値創造分析による内発的発展実証」、京都大学大学院経済学研究科再生可能エネルギー経済学講座ディスカッションペーパー（2020）

⑵　江守正多、「気候問題への『関心と行動』を問いなおす－専門家としてのコミュニケーションの経験から」、環境情報科学、49（2）、pp.2-6（2020）

⑶　木原浩貴・羽原康成・金悠希・松原斎樹、「気候変動対策の捉え方と脱炭素社会への態度の関係」、人間と環境、46（1）、pp.2-17（2020a）

⑷　木原浩貴・羽原康成・松原斎樹、「情報提供による脱炭素社会の指示度の変化－心理的気候パラドックスに着目して」、人間と生活環境、27（1）、pp.27-37（2020b）

⑸　櫻井あかね、「固定価格買取制度導入後のメガソーラー事業者の地域性」、日本エネルギー学会誌、97巻、12号、pp.379-385（2018）

⑹　的場信敬・平岡俊一・上園昌武、「エネルギー自立と持続可能な地域づくり－環境先進国オーストリアに学ぶ」昭和堂（2021）

⑺　World Wide Views on Climate and Energy、「WWVIEWS Result Report」、http://climateandenergy.wwviews.org/publications/、（2021-05-20）

第3部

第 **4** 章

資源ネクサスと
行政計画京都市の
ケースを中心として

兵庫県立大学　増原直樹

　　脱炭素社会づくりを進めるためには、2015 年に採択
されたパリ協定と国連・持続可能な開発目標（SDGs）
とが「車の両輪」として機能する必要がある。SDGs の
特徴は、目標間のトレードオフやシナジーが強調される
ことであり、後者は国の第 5 次環境基本計画で掲げら
れているキーワードでもある「同時解決」にも類似した
考え方である。本稿では、SDGs をめぐる議論から誕生
した資源ネクサス（連環）の考え方を紹介し、それを地
方自治体が「資源管理」の対象とするために必要な行政
計画のあり方を提案する。最後に、京都市における資源
管理に関する行政計画の現状を報告し、今後の課題を提
起する。

Keywords

資源ネクサス
資源管理、行政計画、京都市

1．はじめに —問題の背景—

1.1　パリ協定と持続可能な開発目標

　2020年から日本においてようやく本格化した脱炭素社会づくりを進めるためには、気候変動枠組条約のパリ協定に基づく目標を各国が深堀りしていくとともに、パリ協定と同じ2015年に誕生した国連の持続可能な開発目標（Sustainable Development Goals; SDGs）の双方が「車の両輪」として機能する必要がある。

　国内に目を転じると、脱炭素社会は国全体として目指す目標であると同時に、都道府県や市区町村といった地方自治体がそれぞれ脱炭素地域を実現することも必要であり、様々な関係者の合意形成を促すためには、市民や事業者にとって「過剰ではない快適性・利便性」を維持する脱炭素施策が求められる。これらの前提に基づき、以下、本節では3つの論点に沿って議論を進めていきたい。

　まず、SDGs の枠組みにおいて気候変動はゴール13に位置付けられているが、例えば1.5℃あるいは2℃目標のような具体的な成果を目指す場合、ゴール2の食料安全保障、6の水、7のエネルギー、9の産業・技術基盤、11のまちづくりなど他のゴールとの連環（ネクサス）も考慮する必要がある。なぜなら、SDGsをめぐる議論の中で、あるゴールやターゲットの課題を改善させるために、他のゴールやターゲットが犠牲となる「トレードオフ（二者択一）」や、逆に、あるゴールやターゲットの改善が他のゴールやターゲットの改善にもつながる「シナジー（相乗効果）」が SDGs の特徴として強調されているからである。

　後者のシナジーは、日本の第5次環境基本計画に掲げられた「地域循環共生圏」を実現するための重要な考え方である「同時解決」にも似たような考え方であり、この点から、国や地方自治体の政策においてトレードオフやシナジーといった視点を導入することにはハードルが低いと考えられる。

　例えば、水や食の利用・消費に伴う脱炭素施策はどのようにあるべきか、また脱炭素型の産業やまちづくりはどのようなものか、といった検討が重要であることは論を待たないであろう。このような食、水、エネルギー、産業、まちづくり、そして気候変動の相互関係を「資源ネクサス」と名付けて分析してみると、脱炭素社会を目指すうえで分野横断的な対策の視点を得ることができるのではないか。これが本章で記述しようとする第一の論点である（2節）。

1.2　資源ネクサスと行政計画

　次に、地方自治体における資源ネクサスをイメージしてみると、脱炭素地域づくりを進めながら、その自治体内で生活する市民や経済活動を行う事業者が必要とする水やエネルギー、食や土地をどのように確保し、それらを適切に維持する

かという資源管理の視点が浮かび上がってくる。

　自治体が直接供給することが多かった水（上水道）、固定資産として課税される土地、あるいは産業振興の視点は多くの自治体にとってなじみ深いものといえる。しかし、食やエネルギーについては、戦後は市民や事業者が自主的に選択するもので、多くの場合、民間事業者が経済活動として供給してきたものであり、「自治体が管理する対象」としては意識されてこなかった。しかし、繰り返しになるが、脱炭素地域を構成する要素として、脱炭素型の食（あるいは農畜水産業）や脱炭素型エネルギーは不可欠なものである。そこで、自治体が食やエネルギーを直接供給したり、強制的に生産や供給を管理したりするのではなく、自治体区域内における食（農畜水産業）のあり方を脱炭素型に誘導したり、そのモデルケースとなる事例を支援したり、脱炭素型エネルギーの立地を定めたり、そのエネルギーを市民や事業者が選択しやすくするような工夫が今後、重要になると考えられる。

　そうした脱炭素地域づくりのために必要となる、新たな資源管理の手法と、それを実現するための行政計画のあり方を第二の論点として提示したい（2.3）。

1.3　京都市の事例

　最後に、2030年に向けたSDGsの目標達成と2050年に向けた脱炭素地域づくりを両立するために、実際の行政計画がどのような現状にあるかについて、事例を紹介する。対象として、京都市における資源管理に関する行政計画の現状を分析する。

　京都市では、前の章において解説されたように、地球温暖化対策条例と同条例に基づく地球温暖化対策計画において、脱炭素地域づくりの方向性が示されているが、筆者は、この方向性に加えて資源ネクサスの考え方を行政計画に取り入れることで、既存の政策分野を超えた横断的な脱炭素施策が示されると考えている。そこで、京都市を対象として、資源管理にかかわる行政計画の現状を分析することで、ある資源・政策分野と別の資源・政策分野をつなぐいくつかの視点を新たに提供したい（3節）。

２．SDGsのゴール・ターゲット間のネクサス

2.1　資源ネクサスの誕生

　ネクサス（連環）とは、田崎・遠藤（2017）によれば、ラテン語のNexusに由来しており、「何かをつなげる行為」とか「何らかの関連しているもの」を示している。学術研究としては、1983年から、国連大学において、食料・エネル

ギーネクサスに関する研究が開始されたほか、1990年代には、世界銀行が水・食料・貿易を関係させる用語として使用した経緯があるといわれる。

　以降、ネクサスの考え方は、例えばトニー・アラン（1998）や国内では沖大幹（2003）などが提唱したバーチャル・ウォーター（仮想投入水）の分析によって、食料（貿易）と水利用のネクサスとして理解が進んでおり、現在ではウォーターフットプリントとして拡張されている（沖、2008参照）。

　2013年度からは、総合地球環境学研究所において「水・エネルギー・食料連環」に関する5年間の研究プロジェクトが実施され、筆者も研究メンバーとして参画した。同研究は、水利用のためのエネルギー消費とエネルギー生産のための水利用の双方を包含する「水・エネルギーネクサス」（**図1**の①②に相当）、食料生産のためのエネルギー消費とエネルギーとして利用される食料の競合を含む「エネルギー・食料ネクサス」（同じく③④に相当）、食料生産のための水利用（ウォーターフットプリント）である「水・食料ネクサス」（同じく⑤に相当）の3つの相互関係を設定し、日・米・カナダ・フィリピン・インドネシアの5か国にまたがる研究対象地域において、どのような問題が生じているかを科学的に解明し、一部の地域ではその解決策を多様な利害関係者とともに検討するという成果をあげることができた（馬場・増原・遠藤、2018参照）。

　同研究期間の中間にあたる2015年には、前述のように国連総会においてSDGsが採択され、国際的には「SDGsネクサス」というキーワードを用いて、SDGs

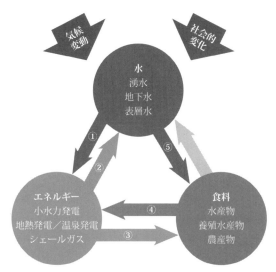

図1　水・エネルギー・食料ネクサスの相互関係

のゴール間の相互関係、トレードオフやシナジーを特定しようとする研究が進められている。それらの研究論文をレビューする中で、水・エネルギー・食料に加え、土地とマテリアル（素材）をネクサスの要素として取り込んだ資源ネクサス、あるいは5要素のネクサスが注目される（Bleischwitz、2018）。

　例えば、食料生産にはそれぞれの作物に応じた農地が必要であるし、畜産業のための放牧地や畜舎にも一定の土地が必要である。水産業も海域、養殖場が必要であり、すべての活動は土地と切り離すことはできないからである。

　また、マテリアルについては、木材、鉱石、金属、肥料などが例示されており、例えば木材は森林の炭素吸収と密接に関わっているほか、鉱石を加工して金属や肥料などを製品化するプロセスは、鉄鋼業やセメント生産に代表されるように、大規模な二酸化炭素排出源となっており、いずれも脱炭素の視点から対策が必要な分野である。

2.2　資源ネクサスのデータからみえる関係性

　総合地球環境学研究所では、データの制約上、前述の5要素で構成される資源ネクサスのうちマテリアルを炭素に置き換え、全国47都道府県の関連統計データを収集した。結果として、図2のように、一定程度の関係性がみられるトレードオフやシナジーのセットを特定した。順に紹介したい。

　図の中で、もっとも強い関係性が観察されたのは（決定係数 $R^2 = 0.95$）、県ごとのGDP（県内総生産）あたりのエネルギー利用効率と同じく CO_2 排出量のペアであり、これは現状の CO_2 排出の大半がエネルギー消費由来のものであるこ

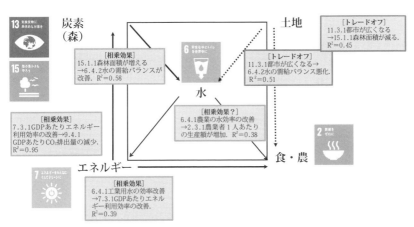

図2　SDGsにおける土地 － 水 － エネルギー － 炭素 － 食料のつながり

とから自明といえる。つまり、現状のエネルギー消費形態を前提とすれば、エネルギー利用効率を向上させることが CO_2 排出量の減少につながるという相乗効果が期待できる。

　さらに、もう一つ、エネルギーの効率向上に期待できることがある。それは工業用水の利用効率（県内総生産あたりの工業用水利用量）の向上である。エネルギーと工業用水の利用効率の関係性は決定係数が0.39とそれほど高くないものの、ある程度の相関関係にある。つまり、エネルギーの利用効率を改善すれば、水の利用効率も改善される可能性があり、一挙両得といえよう。特に節水の影響は顕著で、水の浄化や輸送に必要なエネルギーが削減されるため、省エネルギーにもつながる。

　食料生産を担う農業セクターに目を転じると、農業用水の効率は県内総生産ではなく、農業者1人あたりの生産額と関係することがわかった。今後の詳しい検証が必要であるが、農業用水の効率を向上させるような対策、例えば、水田における水管理を節水型にしたり、水を多く必要としない作物を栽培したりする対策が、農業者1人あたりの生産額の増加につながる可能性がある。

　このような工業用水あるいは農業用水利用を含む、都道府県ごとの水需給バランス（県内における水の供給可能量に対する需要量の割合）全体をみると、森林面積が広ければ広いほど、水の需給バランスは改善される関係が浮かび上がった（$R^2 = 0.58$）。しかし、歴史的に進んできた都市化（市街化調整区域の拡大）は、森林面積の減少に寄与しており（$R^2 = 0.45$）、結果として都市（市街化調整区域）の拡大が水需給バランスの悪化につながっている（$R^2 = 0.51$）点には注意が必要である。

　つまり、人口減少時代に入った日本において、空き家率の上昇にもかかわらず、一方で森林や農地の宅地化を進めている傾向は、さらなる水需給バランスの悪化を招く可能性があることに留意する必要がある。

2.3　資源ネクサスに関わる行政計画

　京都市の事例について紹介する前に、一般的な自治体の行政計画に資源ネクサスがどのように関係するか見ておきたい。

　現在、水分野の自治体行政計画として最も包括的なものとして、2014年に制定された水循環基本法に基づく流域水循環計画が流域単位で策定されつつある。同計画は2021年3月現在、全国54の流域について策定されており、例えば、母集団を一級水系の109と想定すれば、およそ半分について策定されている状況である。流域には、単一の地方自治体だけでなく、複数の地方自治体が含まれるケースも想定され、それらの関係自治体間での調整を経て流域水循環計画を策定する

表1　資源ネクサスに対応する自治体行政計画（現状）

資源ネクサスの構成要素	対応する自治体行政計画と関連する法律
水	・上水道計画（水道法） ・下水道計画（下水道法） ・流域水循環計画（水循環基本法）
エネルギー	・地球温暖化対策実行計画区域施策編（地球温暖化対策の推進に関する法律） ・エネルギー計画（エネルギー基本法） ・バイオマス活用推進計画（バイオマス活用推進基本法）
食料	・食品安全推進計画（食品安全基本法） ・農林業等行政方針
土地	・都市計画マスタープラン（都市計画法） ・国土強靱化計画（国土強靱化基本法） ・生物多様性地域連携保全活動計画（生物多様性地域連携促進法）
マテリアル	・資源循環計画（資源循環基本法） ・一般廃棄物処理計画（廃棄物の処理及び清掃に関する法律）
その他	多数

とすれば、ある程度の時間を要しても仕方がない状況と考えられる。

　個別の自治体（都道府県、市町村）では、上水道計画や下水道計画を策定していることが多く、今後の気候変動の影響予測も踏まえて、持続的に水道水を安定して供給するための視点が不可欠といえる。

　次に、エネルギー分野では、1998年に制定された地球温暖化対策の推進に関する法律に基づいて、地方自治体は、その区域内の地球温暖化対策実行計画を策定することが求められている（一部の自治体に対しては義務）。この実行計画には、2021年5月の法改正の結果、市町村があらかじめ経済性や地形、地域住民の了解などの条件を満たしたエリアを「再生可能エネルギー促進区域」として設定することが盛り込まれた。そうした促進区域へ太陽光発電所や風力発電所などの再生可能エネルギー事業を誘導し、住民や事業者でつくる協議会で合意された事業計画を自治体が認定すると、許認可手続きのワンストップ化や環境影響評価（環境アセスメント）の簡略化などで優遇されることとなった（日本経済新聞、2021）。

　また、一部の自治体、特に都道府県の多くは、エネルギー計画あるいはエネルギービジョンのような名称で、再生可能エネルギーの導入目標を持つところが多い。これらの計画の全国的な状況をレビューすると、再生可能エネルギー以外の化石燃料由来のエネルギーをどのように減らすのかという方向性が見えにくかっ

たり、区域内のエネルギー需要を見通すのかという視点がなかったりという問題点があり、さらに各自治体におけるエネルギー計画の改良が必要な状況である。

　前に述べたように、自治体にとってなじみが薄かった食とエネルギーのうち、食料に関しては、現状でも関連計画は少ない。食品安全基本法に基づく食品安全推進計画は、脱炭素や資源ネクサスの視点とはかなり距離があるし、農林業等の行政方針についても、多くの自治体で策定されているわけではない。

　一方、土地利用や都市計画については、ほとんどの自治体がマスタープランを策定しており、そこに脱炭素や資源ネクサスの視点を取り入れていくことは極めて重要である。また、環境政策の主要要素である生物多様性についても、自治体が地域連携保全活動計画を策定することが生物多様性地域連携促進法に位置付けられており、全国15地域で策定が進められている。

　最後に、マテリアルについては、自治体の関与は廃棄物の収集とそれに関連する資源循環の分野に限定されているようにみえる。特に市町村においては、歴史的に長く廃棄物の収集や処理業務を担ってきたため、住民に対して廃棄物の減量を呼びかけたり、収集の有料化をしたりするところは多い。しかし、廃棄物になる手前の、様々なマテリアルの生産や移動、消費に直接的に働きかける行政計画は、管見の限り、まったく見当たらない。

3．京都市における資源ネクサス関連行政計画

3.1　京都市における資源ネクサス

　京都市における行政計画を下記のような手順で悉皆調査し、資源管理に関係する目標とその相互関係を分析した。

①　2009年度から2019年度まで11年間のパブリックコメント対象案件のリスト（京都市、2021）から行政計画を対象とした案件を抽出した（97件）。

②　それらの計画名称と所管部局から、各計画の政策分野を特定し、水、エネルギー、食料、土地、マテリアルに相当するものを選定した（計20件）。

③　それぞれの計画中にみられる定量的な目標や指標をリスト化し、複数の計画に登場する（共有されている）目標・指標を抽出した。同じ政策分野の中で共有されている目標・指標がほとんどであったため、以下では、異なる政策分野間で共有されている目標・指標に焦点を当てる。

　上記②の時点で、水分野では2つの計画、エネルギー4、食料4、土地7、マテリアル（資源循環等）3計画の内訳であった。このうち、複数の計画で共有されている目標・指標は**表2**の通りである。

表 2　京都市の資源管理関連計画で政策分野を超えて共有されている目標・指標の例

共有されている目標・指標	目標・指標に対応する政策分野及び自治体行政計画
食品ロス排出量 （不分別）紙ごみ排出量 木質ごみ排出量	マテリアル・ごみ半減プラン エネルギー・バイオマス活用推進計画
廃棄物処理事業からの温室効果ガス排出量	マテリアル・ごみ半減プラン エネルギー・地球温暖化対策計画
下水汚泥の有効活用率	水・上下水道局中期経営ビジョン エネルギー・バイオマス活用推進計画
上下水道施設（浄水場、配水池、水道管等）の耐震化率	水・上下水道局中期経営ビジョン 土地・国土強靭化計画

3.2　資源ネクサス関連計画の目標・指標

　表 2 から、次の 3 点を指摘することができる。第一に、表 2 に登場する政策分野をみると、エネルギーが 4 回中 3 回登場しており、現時点での共有目標の中心となっていることがわかる。特に、バイオマス活用推進計画が対象とする資源が、食品ロス、木質ごみ、下水汚泥など多岐にわたっていることが原因と考えられる。第二に、食料分野の計画は表 2 には一度も登場しない。食料分野の政策目的や範囲は、食料が安全に家庭などの消費者に届くまでであり、食品ロスのような廃棄段階まで含まれていないことが原因であろう。第三に、節水型の農業推進や省資源・省エネ型の産業誘致といった水やマテリアル、エネルギーの消費現場に対する政策が表 2 には登場していないことである。省資源・省エネ型の環境産業といった考え方は、地球温暖化対策計画に示されているが、それが水やマテリアルなどの異なる政策分野と共有されるに至っていない。

3.3　計画の見直しの可能性

　最後に、これまでの分析結果を踏まえ、脱炭素社会づくりに向けて資源ネクサスの視点を取り入れると、どのような政策の方向性がみえてくるかを簡単に紹介したい（表 3）。

　現状では、炭素排出がエネルギー消費と密接に結びついているために、表 3 ではエネルギー資源が要として機能することがわかる。以下、大きく 3 つの方向性を例示して、本稿のまとめにかえたい。

　第一に、脱炭素社会においては、あらゆる産業や業務が温室効果ガス（Greenhouse Gas; GHG）排出ゼロに向かって変革される必要がある。自治体業

表3　資源ネクサスの視点を取り入れた脱炭素施策の方向性（例）

資源ネクサスの軸	ネクサス軸に対応する主な脱炭素施策
水 ― エネルギー	・上水道・下水道施設におけるエネルギー効率化目標の設定、小水力発電の導入 ・河川整備時、土地改良に小水力発電導入の検討義務 →河川整備計画、土地改良計画 ・温泉における廃熱利用、温泉発電の導入
食 ― エネルギー	・食品消費に伴う GHG 排出量の表示 （カーボン・フットプリント） ・耕作放棄地を中心としたソーラー・シェアリングの導入加速化（農地の規制緩和） ・土地・水・エネルギー節約型の植物工場 ・食品残渣を活用したエネルギー生産 →食品ロス削減計画
マテリアル ― エネルギー	・脱炭素型製造業の積極的な誘致、優遇 →産業振興計画 ・公共事業等への脱炭素型鉄鋼・金属・コンクリート等の使用義務 ・新築、増改築時の国産木材の使用義務
食 ― 水 ― エネルギー	・節水型の農畜産業推進、節水を通じた CO_2 排出削減 →農業振興計画など

務の中では、前述の廃棄物処理だけでなく公共工事、上下水道や河川管理事業などにも脱炭素の視点の導入が急務である。

　第二に、産業振興分野に、土地・エネルギー・水集約型の植物工場や節水型の農畜産業、脱炭素型製造業などの誘致、優遇といった支援策を含めることが必要である。

　第三に、河川等における小水力発電、耕作放棄地を中心とした農地におけるソーラー・シェアリングなど、安全面や景観面に配慮しつつ、区域内において最大限に再生可能エネルギーを導入できるような取組みが不可欠である。

　表3に現時点で考えうる行政計画の名称を記載したが、これは関連計画が多ければ良いという趣旨ではない。自治体の実情に応じて可能な範囲で、地球温暖化対策実行計画等において脱炭素施策の統合が進むことが望ましい。

　本章で紹介した研究の一部は、環境研究総合推進費「課題名：ローカル SDGs 推進による地域課題の解決に関する研究（JPMEERF20211004）」及び文部科学省「大学の力を結集した、地域の脱炭素化加速のための基盤研究開発 JPJ009777」の支援・助成を受けて実施したものである。

＜参考文献＞

⑴　田崎智宏・遠藤愛子、「持続可能な開発目標とは何か（蟹江憲史編著）」、pp.90、ミネルヴァ書房（2018）

⑵　Allan, J.A., "Virtual Water: A strategic resource. Global Solution to Regional Deficits", Groundwater, Vol.36, No.4, pp.545-546（1988）

⑶　沖大幹、「水をめぐる人と自然—日本と世界の現場から—（嘉田由紀子編著）」、pp.199-230、有斐閣（2003）

⑷　沖大幹、"バーチャルウォーター貿易"、水利科学、No.304、pp.61-82（2008）

⑸　馬場健司・増原直樹・遠藤愛子（編著）、「地熱資源をめぐる水・エネルギー・食料ネクサス」、近代科学社（2018）

⑹　Bleischwitz, R., "Resource nexus perspectives towards the United Nations Sustainable Development Goals", Nature Sustainability, Vol.1, pp.737-743（2018）

⑺　総合地球環境学研究所、「都道府県版　ローカル SDGs 指標」、https://local-sdgs.info/, （accessed 2021-05-31）

⑻　日本経済新聞、「改正地球温暖化対策推進法とは　促進地域で再生エネ優遇」、2021年5月27日付朝刊

⑼　京都市、「市民意見の募集（パブリックコメント）」、https://www.city.kyoto.lg.jp/templates/pubcomment/0-Curr.html、（accessed 2021-05-31）

第4部

地方自治体の脱炭素化に向けた役割と取り組み

第1章　脱炭素社会に向けたフューチャー・デザイン

第2章　1.5℃に向けた京都市の挑戦

第3章　小田原市におけるシェアリング EV を活用した脱炭素型地域交通モデル

第4章　脱炭素社会の実現に向けた地方公共団体の取組について

第4部

第 1 章

脱炭素社会に向けた
フューチャー・デザイン

大阪大学　原圭史郎

　脱炭素社会の形成は、現在の仕組みや考え方の延長では到達しえない極めて高い社会目標である。目標に向け着実に社会転換を実現していくためには、「将来世代」の利益を考慮した意思決定や合意形成を行うための社会の仕組みが必要である。本章ではそのような仕組みをデザインする「フューチャー・デザイン」を簡潔に紹介するとともに、2050年脱炭素社会形成をテーマとした京都市のフューチャー・デザイン実践の概要を示す。本実践は、市職員が2050年に生きる職員（仮想将来世代）の立場から政策デザインを実施した先駆的な事例であり、今後、他都市や自治体が脱炭素社会に向けた実践を進めるうえでも参考となりうるものである。

Keywords

フューチャー・デザイン

仮想将来世代、持続可能な脱炭素社会、社会変革、合意形成

1．はじめに

　気候変動の脅威が増す中、脱炭素社会の実現は国際的にも重要かつ喫緊の課題となっている。気候変動の影響を最小限にするためには、産業革命以降の地球規模の温度上昇を1.5℃に抑える必要があり、これを実現するためには、世界全体での温室効果ガスの排出を2050年までにネットゼロとする必要性が指摘されている[1]。特に、地球上の人口の過半数が居住する都市における脱炭素化は重要となる。今後、脱炭素につながりうる様々な技術シーズを速やかに社会実装し、戦略的な制度設計のもとで、脱炭素化の道筋をつけていく必要がある。さらには、脱炭素社会に向けて、人々の生活様式や行動の変容も求められる。

　一方で、脱炭素が実現した未来の社会像あるいは都市像は必ずしも明確になっていない。また、2050年ごろの社会像（あるいは都市像）がステークホルダーの間で仮に合意されたとしても、そのゴールに辿りつくための道筋や社会変革のための条件も不明瞭である。例えば、再生可能エネルギーの導入問題一つをとっても、導入のための社会的あるいは制度的課題は地域ごとに異なり、脱炭素社会に向けた導入戦略やロードマップは必然的に違うものとなる。対象地域の特徴や科学的な情報を踏まえて、関連するステークホルダーが関わりながら、脱炭素社会像およびそこに辿りつくための道筋を明確化するとともに、合意形成を図りつつ、社会変革と目標達成を導く必要がある。

　では、2050年の社会像や道筋の明確化と合意形成、そして脱炭素社会に向けて必要とされる社会変革はどうすれば可能なのだろうか？　現在の仕組みや社会システムの下ではこれらは困難ではないか、というのが筆者の問題意識である。2050年の脱炭素社会の有り様や、そこへ至る道筋を検討する議論において、本来そこに参画すべきは、2050年あるいはその先の世界に生きる「将来世代」のはずである。もちろん、今は見ぬ将来世代は現在の議論や意思決定に参加できない。したがって、現代社会の中で、いかに将来世代の利益を考慮した意思決定や行動を実現するか、という点が重要となるが、現行の社会システムの下ではこれは困難であろう。西條（2018）は、ヒトの近視性や楽観性といった人間の基本的性質に加えて、市場や民主制などの既存の社会システムの課題を指摘している[2]。市場は将来世代を考慮して資源配分できず、また民主制も現世代の利益を考慮するためのものであり、将来世代の利益を取り込む仕組みになっていない。つまり、現行の社会システムの下では、将来世代の利益や視点をうまく取り込めず、結果として将来失敗が起きてしまう、というのである。これらヒトの性質や社会システムの機能を所与とすると、現世代の利益を中心に意思決定してしまうため、世代間トレードオフ問題が内在するような長期課題には、人類は適切に対処できな

いということになる。実際、このような将来失敗の事例は多くみられる。気候変動問題もその一つである。長年にわたり国際機関や Intergovernmental Panel on Climate Change（IPCC）などが予測情報とともに将来の気候変動の課題を指摘してきたにも関わらず、事実として世界の温室効果ガスの排出は過去数十年の間に増加傾向を示しており、状況は改善するどころか悪化していることは周知のとおりである。長期課題に対処するためには、将来世代の利益を考慮したビジョン構築や意思決定、そして未来に向けた社会転換を駆動するための、新たな「社会の仕組み」のデザインとその社会実装が必要なのである。

　このような問題認識の下で、将来世代に持続可能な自然環境と社会を引き継ぐための社会の仕組みのデザインと実践を行う「フューチャー・デザイン」が提起されている[2]。本章では、フューチャー・デザインについて簡潔に紹介し、2019年度に京都市で実施された、2050年の京都市脱炭素社会の形成をテーマとしたフューチャー・デザイン実践の概要を示す。今後、都市の脱炭素化を実現していくためには、将来世代の利益を考慮した意思決定や実践が鍵となる。京都市の実践は、将来の視点を現代の政策デザインや意思決定に取り込もうと試みた先駆的な事例である。

2．フューチャー・デザインとは何か

　将来世代の利益も考慮した持続可能な意思決定や行動を現代社会に実現するためには、どのような社会の仕組みをデザインすればよいのか。これがフューチャー・デザイン研究の問いである。西條（2018）はヒトの "将来可能性" を「たとえ、現在の利得が減るとしても、これが将来世代を豊かにするのなら、この意思決定・行動、さらにはそのように考えることそのものがヒトをより幸福にするという性質」と定義している[2]。フューチャー・デザインでは、ヒトの将来可能性を生み出すための社会の仕組みをデザインし実践するのである。そのような社会の仕組みの一つとして提起されているのが「仮想将来世代（Imaginary Future Generations）」である。仮想将来世代とは、言わば将来世代の代理人として、将来世代の立場から現代の意思決定や議論に参画する主体のことであり、社会制度でいえば将来省のようなものである。これまでも、経済実験やフィールド実験、討議実践を通じて、仮想将来世代を導入することの意義や効果が明らかになっている[2],[3]。

　複数の自治体においては、既に具体的な政策課題をテーマとし、仮想将来世代のアプローチを導入したフューチャー・デザインの実践が進んでいる。初めての実践は、2015年に岩手県矢巾町で行われている。2060年を目標年とした地方創成

プランの設計をテーマとして、町の住民が現世代2グループと仮想将来世代2グループの4グループに分かれ、今後導入すべき施策や政策を6か月間にわたってグループごと別個に検討し、最後に現世代と仮想将来世代の両グループが対面して世代間合意形成を図る、という実践である。この実践からはフューチャー・デザインの効果という意味で様々な点が明らかになった。詳細は論文[3]に譲るが、例えば仮想将来世代グループのビジョン設計や意思決定は、現世代グループと比較して独創的である点や、将来世代に配慮し長期的に考えてプラスとなるような意思決定を重視することなどが分かっている。また、世代間の合意形成と交渉の結果、現世代グループが仮想将来世代グループのアイデアや意思決定を徐々に受け入れ、最終的な合意形成案は、将来世代にも大きく配慮した内容となったのである。また、同町で2017年に実施された、2050年を目標年とした公共施設管理のプランをテーマとした実践では、最初の実践例のような別個に仮想将来世代グループを創出する方法ではなく、参加者全員が現世代と将来世代視点の双方の視点を取得し、視点移動をしながら最終的な意思決定を行う、という方法が採用された[4]。4グループに分かれた参加住民の全員が、初回には現在の視点から将来を検討する方法で、町の公共施設管理のビジョンとそこに向けた施策案を提案、1か月後に同メンバーが再度集まり、今度は仮想将来世代として、将来の視点から現在を眺めるという方法で同じ内容を議論、さらに1か月後に参加者が集まり現世代、仮想将来世代どちらの視点でも良いという条件で同内容を議論し最終案を提示し、提案の理由とともに将来世代へのアドバイスを提起する、という3ステップを通して施策を検討し意志決定する仕組みを導入した。4グループから提案された施策の内容は各回で変容し、3回それぞれ大きく異なる結果となった。分析結果からは、参加者が将来世代の視点を取得することにより、初回に主に見られた、目の前にある課題の解決や現時点のニーズを満たすことを主眼とするアイデアから、将来世代を含む「他者」への配慮や共感に基づいたアイデアへと議論内容が変容し、参加者の意思決定や判断が変化していたことが分かった。

　矢巾町のこれらの実践を含む様々な先行事例から、仮想将来世代という新たな仕組みを導入することで、グループ全体の意思決定が将来世代に配慮した持続可能なものへとシフトすることが示唆されている。仮想将来世代は有望な仕組みの一つであるが、フューチャー・デザイン研究においては、先述の将来可能性を生み出し、持続可能な意志決定を支えるための様々な仕組みや方法が検討されている。バックキャスティングは、長期的課題に対して将来のゴールを設定し、そこから逆照射して今後取るべき対策や道筋を検討するものだが、ゴール設定や道筋の検討はあくまで現世代の立ち位置から行われるのであり、この点が将来世代視点から物事を判断し、意思決定するフューチャー・デザインと大きく異なる[3]。

　フューチャー・デザインは、将来の問題を含む様々な社会課題領域に応用されつつある。例としては、吹田市で実施された再生可能エネルギーの導入ビジョンづくり[5]や、海外ではホーチミン市で実施された水環境問題への応用[6]などがある。さらに昨今では、産業界においても研究開発戦略の設計などについてフューチャー・デザイン実践が進められており、持続可能性の観点から新たな技術イノベーションの方向性を導くうえでも有効であることが分かってきた[7]。

　脱炭素社会形成に向けた社会転換を実現していくためには、2050年社会にたどり着くための見通しとインセンティブが必要だ。この時に重要なのは、将来世代の利益を踏まえた意思決定と合意形成を導くための仕組みの設計と、その社会実装である。現在の延長で技術シーズや政策オプションの積み上げを検討するのではなく、社会変革を駆動するためのまったく新しいアプローチが必要であり、フューチャー・デザインはこの点で大きく貢献しうる。以下では、京都市で行われた、脱炭素社会形成をテーマとしたフューチャー・デザインの試みを紹介する。

3．京都市でのフューチャー・デザイン実践

3.1　フューチャー・デザインチームの設立

　京都市長を本部長とする「1.5℃を目指す地球温暖化対策推進本部」の下で、庁内公募を通じて選ばれた市職員25名による「1.5℃を目指す将来世代職員フューチャー・デザインチーム」が2019年に形成された。このチームメンバー25名が主体となって、2019年9月から2020年1月まで5回にわたって、2050年に脱炭素を実現した京都市の社会像とそこに至るロードマップの描写、そして2030年までの10年間に実施すべき施策の提案をミッションとして、フューチャー・デザインを応用した政策デザインを実践した。なお、本実践は、総合地球環境学研究所「次の千年の基盤となる都市エネルギーシステムを構築するためのトランジッション戦略・協働実践研究」（代表：小端拓郎）の一環として実施されたものである。既存のフューチャー・デザイン研究の成果や理論を踏まえ、筆者を含む研究者と市関係者が協議を重ねる中で、先述の将来可能性を賦活しうる討議プロセスを検討し、討議内容や手順、提供する情報などを詳細化した。以下では、本実践において採用した討議プロセスの概要を述べる。

3.2　フューチャー・デザイン実践の概要

　フューチャー・デザイン実践では、チームメンバー（以下、参加者と称する）25名が5名ずつ5グループに分かれ（各グループの参加者は5回通じて固定）、

2050年脱炭素を実現した京都市の社会像と、その実現に向けて2020年から2030年までの10年間で実施すべき施策を「2050年の職員（仮想将来世代）」の視点から検討した（**図1**）。なお、1班と2班は建物、3班は交通、4班は土地利用・緑、5班はライフスタイルを中心テーマとして議論を進めた。以下に各回の概要を簡潔に記載する（**表1**）。

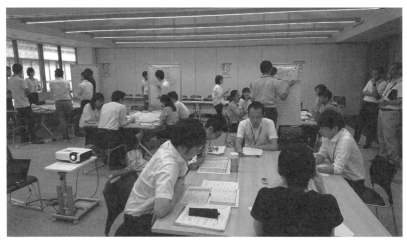

図1　京都市職員によるフューチャー・デザイン実践の様子

表1　京都市フューチャー・デザイン実践の討議概要

第1回 （2019年 9月9日）	• 事前課題をもとに、今後2030年までの政策や施策を検討 • 過去の市の温暖化対策や政策に対する評価と過去政策のリデザイン
第2回 （2019年 10月30日）	《仮想将来世代として議論》 • 2050年の脱炭素を実現した京都市社会像の描写（社会・経済の状況や暮らしなど）
第3回 （2019年 11月22日）	《仮想将来世代として議論》 • 因果ループ図を用いて2050年京都市社会像の詳細化と叙述的な定義 • 2020年から2030年までの10年間に実施すべき施策の提案
第4回 （2019年 12月26日）	《仮想将来世代として議論》 • 2020年から2050年までの道筋（過去年表）の作成 • 過去年表を基に2020年から2030年までの10年間に実施すべき施策の修正
第5回 （2020年 1月31日）	《仮想将来世代として議論》 • 提案施策についてグループ間での相互評価 • 相互評価を踏まえて施策集の最終案を作成 • 2020年の職員に向けた応援メッセージ作成

　2019年 9 月 9 日に実施した第一回目の討議では、参加者が事前ワークの結果を共有するところから議論をスタートした。事前ワークでは、温暖化対策や脱炭素化に向けて今後10年間に京都市で検討すべき施策について、個々人でまず検討してもらった。各人が事前ワークの検討結果をグループ内で共有し、2050年の脱炭素実現に向け、今後10年で京都市として検討すべき施策について参加者同士で意見交換を行った。この後、過去の京都市の温暖化対策に関わる政策を振り返り、これら過去政策の評価および代替案を検討した[(3),(8)]。

　第 2 回（10月30日）は、参加者が2050年の職員（仮想将来世代）の視点を取り、2050年に脱炭素を実現している京都市の社会状況（社会像）を議論し共有した。冒頭に専門家から脱炭素化の条件についてレクチャーを行い、省エネの促進、エネルギー電化、再生可能エネルギー導入推進のポイントについて情報提供を行った。その後、筆者がフューチャー・デザインに関わる情報提供行ったうえで、参加者に2050年にタイムスリップしてもらい、そこで市役所で行政サービスの提供や政策立案に携わっている状況を想定しながら、2050年に京都市役所で働く職員（仮想将来世代）の立場を取って議論を進めてもらった。参加者は、2050年に脱炭素化を達成している京都市の状況について、2050年の仮想将来世代として、暮らしや働き方、移動手段、京都市の建物など多様な点について検討を行った。なお、 3 回目以降の討議でも、参加者は仮想将来世代の視点を維持したまま議論を続けている。

　第 3 回（11月22日）は、第 2 回の議論の続きとして、グループごとに2050年の社会像を改めて詳細に検討した。第 2 回終了時に各グループから提示された2050年社会像を構成する要素や施策内容は多種多様であった。これらの諸要素や施策が温室効果ガス削減につながり、かつ京都市の魅力も高めるものとなっているかを確認するために、要素間および施策同士の関係性や因果関係を整理することも重要である。第 2 回の議論内容のデータをもとに、大阪大学の野間口大准教授らのサポートにより、2050年社会像の要素や施策間の因果関係を記述した「因果ループ図」が構築され（**図 2**）、本図を基に、参加者が2050年京都市の脱炭素社会の状況や求められる施策について改めて検討を行った。特に、脱炭素社会実現の条件として、省エネの促進、エネルギーの電化、再生可能エネルギー普及、施策どうしのコベネフィットや相乗効果の可能性を踏まえ、社会像をさらに詳細化し、最終的に2050年の京都市の社会状況を叙述的に定義した。同日セッションの後半では、描写された2050年の京都市の状況から考えて、最終的に2020年から2030年までの10年間に実行すべき施策群の第一案を作成した。これらの案は、仮想将来世代として思考している参加者から見れば、既に過去世代となっている2019年当時の京都市職員へのメッセージ、という位置づけで検討された。

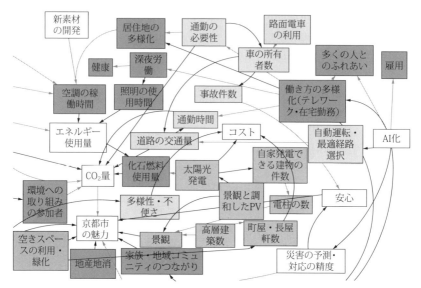

図2　京都市2050年脱炭素社会の諸要素および施策間の因果ループ図（一部のみ記載）

　4回目（12月26日）は、第3回で定義した2050年の社会像と2020年の間の経路、すなわち仮想将来世代にとって、2050年から遡って2020年までの過去年表を設計することで、2030年までに実施すべき施策内容の修正とアップデートを行った。特に、施策導入に関わる課題やその改善策を明確化することで、実効性を高める観点から施策内容を修正、更新した。

　第5回（2020年1月31日）には、第4回までに検討した2030年までに検討すべき施策集のアイデアについてグループ間で相互評価した。特に、1）2050年現在、あるいはそれより先の世代にとって有益な提案となっているか、2）グループ間で共同提案することで相乗効果が出る施策はないか、追加したほうが良い提案など新たな改善策がないか、といった点からグループ間で検証を行い、相互評価の結果やフィードバックも踏まえて、5グループそれぞれが2020年から10年間で実施すべき施策集の最終版を確定するとともに、2020年の京都市職員に向けた応援メッセージも最後にとりまとめた。

　以上のように、第1回から5回にかけて、参加者は現在、過去、将来と視点を移動させ、この過程で将来世代視点を獲得することで、脱炭素社会を実現している2050年の社会状況を「自分事」として捉え、脱炭素を実現した京都市の社会像と2030年までに求められる施策をまとめ上げた。

4．将来職員が描いた2050年の京都市

　5回のフューチャー・デザイン討議を経て、仮想将来世代としての京都市職員が描いた、2050年の京都市の脱炭素社会像を**表2**に記載する。京都市藤田将行氏

表2　各グループが定義した脱炭素を実現した2050年の京都市の社会状況

班名	2050年時点の京都市の社会像
1班（建物）	今、私たちが住んでいる世界は、居住形態に合わせた小規模なコミュニティ（まちなかは町屋で町内会単位、郊外はマンション1棟単位）が形成されており、エネルギーの共有・資源の再使用等が活発に行われています。また、住んでいる方々にも訪れる方々にも京都らしい街並や不便さの中にある昔ながらの魅力を感じてもらうことで、脱炭素で持続可能な京都のまちにつながっています。
2班（建物）	今、私たちが住んでいる世界は、エネルギーの自給自足が実現しています。建物の超断熱が進み、井水利用や排熱利用でエネルギーを循環させます。家ごと、ビルごと、街ごとでのエネルギーシェアリングが当たり前になり、脱炭素で持続可能な京都のまちにつながっています。
3班（交通）	今、私たちが住んでいる世界は、技術の進歩等により、在宅勤務・テレワークなどが主流になることで、不要な移動が減った社会で、人々は散歩やサイクリングなど、レジャーとして"移動"を楽しみます。通勤等の移動が不要となった社会では、マイカーを所有する必要がなく、中長距離の移動の際は、公共交通を活用し、細やかな移動をしたい場合は、カーシェアやライドシェアなどを活用しています。あらゆる交通はクリーンな電力をエネルギー源に代替されており、脱炭素で持続可能な京都のまちにつながっています。
4班（土地利用・緑）	今、私たちが住んでいる世界は、車線が減って空いたスペース等を活用し、植樹することで、「森のまち・京都」ができています。森によって人が育てられており、環境意識の高い人が集まってくるだけでなく、市民も森に触れ合うことができ、自分で農業をすることで、地産地消を行っています。また、木材の利用が進んでおり、身近な製品が木製となっているほか、バイオマス発電・熱利用で熱・電気を上手く使っていることが脱炭素で持続可能な京都のまちにつながっています。
5班（ライフスタイル）	今、私たちが住んでいる世界は、環境教育の充実した街です。環境教育の充実によって、市民の環境意識が高まり、環境に良いことへの取組に参加する人が増え、CO_2の削減に繋がりました。また、環境教育の充実によって、環境に良い取組に対して事業者の協賛・理解が得られ、取組へのさらなる参加を促すため、在宅勤務等、働き方に多様性が生まれました。多様な働き方が生じた結果、自由な時間が増え、市民には心の余裕が生まれました。心の余裕が生まれたことで、事故や犯罪が減り、安心・安全な街になったことに加え、家族や地域コミュニティとのふれあいが増えたことで、京都市の魅力アップにつながっているなど、脱炭素で持続可能な京都のまちにつながっています。

による第4部第2章にも記載があるとおり、フューチャー・デザインチームが描いた社会像の一部は、市の新計画の中に記載されている「2050年の京都が目指す社会像」として反映されている。

　過去世代へのメッセージとして提案された、2020年から2030年までの10年間に実施すべき施策集については、紙面の関係もあってここでは詳細を記すことができないが、5回のフューチャー・デザイン実践を通じて、事前ワークで個人が検討した施策内容とは質・量ともに大きく異なる、特徴的かつ具体的な施策が多く提案された。一例として、2班（建物班）の提案の一つは「京都型エネルギーシェアリング」であった。それを実現する具体なアイデアとして、地域ごとに異なるエネルギー需給バランスを比較できるデータ作成や、効率的にエネルギーを消費するための施策、小学校区（元学区・旧番組）を中心とした居住型エネルギーシェアリング、などが提起されている。

　現在の視点から将来を見る、という通常の方法論でビジョンや政策案を考えたときと、将来の視点から現在を眺める、という方法で同じことを検討する場合とでは、提案内容が大きく変化することが知られているが[3],[4],[5],[6]、本実践においても、5回の実践を通じて、将来可能性を賦活する仕組みを導入した結果、通常の政策デザインの現場では提案されないようなアイデアが多くみられた。例えば、現世代視点から見ればハードルが高いと思われるような施策や、既存のものではない新しい仕組みの提案などが、各グループ参加者の合意形成の上で提案されている。実践終了後に、参加者からは「将来世代の視点から考えることによって、これまで考えてきたような施策や政策では脱炭素化には到底間に合わないことに気づいた」といった、大変印象的な発言も出されている。

5．結語

　2050年脱炭素社会の形成は、現在の仕組みや考え方の延長では到達しえない社会目標である。ゴールに向けて着実に社会転換を実現していくためには、将来世代の利益を取り込み、意思決定や合意形成を実施するための社会の仕組みの導入が必要である。そのような仕組みのデザインや実践がフューチャー・デザインであり、昨今様々な課題テーマに応用されつつある。本章では、脱炭素社会形成にフューチャー・デザインを応用した京都市の事例を紹介した。今後は、都市データや技術経済性分析のデータなどを積極的に活用しつつ、フューチャー・デザインを応用することによって、多様なステークホルダー参画の下で2050年の社会像（ゴール）を描くとともに、技術や施策導入の優先順位や導入プロセスについて合意形成を図っていくことが重要だ。従来のアプローチのように現在の視点から未来の有り様を検討していくだけでは、現世代にとって負担になるような施策や

方針は、それが目標実現のために重要なものであったとしても見送られる可能性が高く、脱炭素社会の実現はおぼつかない。本質的に、将来世代の利益を取り込むための社会システムや仕組みのデザインと、その社会実装が必要なのである。ここにフューチャー・デザインが求められる理由がある。

　京都市の実践は、脱炭素社会形成をテーマに行われたフューチャー・デザインの先駆的取り組みであり、他都市に対しても示唆を持つ参考事例である。筆者としても、今後、様々な実践が数多く生まれ、日本あるいは世界全体として脱炭素社会に向けた取り組みが加速することを望んでいる。

　最後に、京都市でのフューチャー・デザイン実践においては、京都市職員の関係者に多大なる協力をいただいた。ここに深く謝意を表する。

＜参考文献＞

(1) IPCC, Global warming of 1.5℃. An IPCC Special Report on the impacts of global warming of 1.5℃ above pre-industrial levels and related global greenhouse gas emission pathways, in the context of strengthening the global response to the threat of climate change, 2018

(2) 西條辰義、"フューチャー・デザイン―持続可能な自然と社会を将来世代に引き継ぐために"環境経済・政策研究、11(2)、29-42、2018

(3) Hara K, Yoshioka R, Kuroda M, Kurimoto S, Saijo T, Reconciling intergenerational conflicts with imaginary future generations - Evidence from a participatory deliberation practice in a municipality in Japan, *Sustainability Science*, 14(6), 1605-1619, 2019

(4) Hara K, Kitakaji Y, Sugino H, Yoshioka R, Takeda H, Hizen Y, Saijo T, Effects of Experiencing the Role of Imaginary Future Generations in Decision-Making-a Case Study of Participatory Deliberation in a Japanese Town, *Sustainability Science*, 16(3), 1001-1016, 2021

(5) Uwasu M, Kishita Y, Hara K, Nomaguchi Y, Citizen-participatory Scenario Design Methodology with Future Design Approach: A Case Study of Visioning for Low-Carbon Society in Suita City, Japan, *Sustainability*, 12(11), 4746, 2020

(6) Kuroda M, Uwasu M, Bui X.T, Nguyen P.D, Hara K, Shifting the Perception of Water Environment Problems by Introducing "Imaginary Future Generations-Evidence from participatory workshop in Ho Chi Minh City, Vietnam, *Futures*, 126, 102671, 2021

(7) Hara K, Future Design and Socio-technical Innovation, *Proceedings of EcoDesign 2021* (to appear)

(8) Nakagawa Y, Kotani K, Matsumoto M, Saijo T, Intergenerational retrospective viewpoints and individual policy preferences for future: A deliberative experiment for forest management, *Futures*, 105, 40-53, 2019

第4部

第2章

1.5℃に向けた京都市の挑戦

京都市　藤田将行

　地球温暖化の影響が顕在化・深刻化し、脱炭素社会の実現に向け対策の強化が求められる中、2019 年 5 月、京都市は全国の自治体に先駆けて「2050 年までに二酸化炭素排出量正味ゼロ」を目指すことを表明した。

　その達成に向け、京都市環境審議会はもとより、市役所の若手職員によるフューチャー・デザインの手法を取り入れた議論や高校・大学生を中心とした若者世代との意見交換など、様々な主体と議論を深め、京都市地球温暖化対策条例の改正と京都市地球温暖化対策計画＜2021-2030＞の策定を行った。

Keywords

2050 年二酸化炭素排出量正味ゼロ

温室効果ガス排出量 40％以上削減、3 つの決意、フューチャー・デザインチーム

1．はじめに

　2019年 5 月11日、京都市は、全国の自治体に先駆けて「2050年までに二酸化炭素排出量正味ゼロ」を目指すことを表明した。

　そして、その非常に高い目標の達成に向け、京都市環境審議会や将来の京都を担う庁内の若手職員、高校・大学生を中心とした若者世代との議論等を経て、京都市地球温暖化対策条例を改正、京都市地球温暖化対策計画＜2021-2030＞を策定し、2021年 4 月から、脱炭素社会の実現に向けた新たなスタートを切った。

　本稿では、京都市の脱炭素化に向けた取組の一環として、条例の改正及び新たな計画の策定に向けた取組について紹介させていただく。

2．京都議定書誕生の地としてのこれまでの取組

　京都市では、1997年に気候変動枠組条約第 3 回締約国会議（COP3）が京都で開催され、京都の名を冠した議定書「京都議定書」が誕生したことをきっかけとして、地球温暖化対策に本格的に取り組みはじめた。

　その後、2001年には、産官学及び市民のパートナーシップにより持続可能な社会の実現に向けた取組を行う「京（みやこ）のアジェンダ21フォーラム」において、家電製品の省エネラベルの創設に向けた検討を進め、2004年には、販売店における省エネラベルの貼付の義務等を規定した、全国初となる地球温暖化対策に特化した条例「京都市地球温暖化対策条例」を制定した。

　2010年には、この条例を改正し、温室効果ガス排出量の更なる削減に向けて、大規模建築物の新築・増築時に太陽光パネルなどの再生可能エネルギー利用設備の設置を義務化するなど、対策の強化を図った。

　ここまでは「低炭素」、つまり、温室効果ガス排出量を「減らす」ための対策に取り組んできたが、京都で誕生した「京都議定書」が大きく飛躍し、世界の全ての国が参画する「パリ協定」が2015年に誕生したことにより、「脱炭素」、温室効果ガスを「出さない」ための対策へ踏み込む必要性が高まった。

　こうした情勢の変化も背景に、2017年に、京都議定書誕生20周年を記念し開催した「地球環境京都会議2017（KYOTO＋20）」において、「パリ協定」が掲げる今世紀後半の「温室効果ガスの実質排出ゼロ」の実現に向けて、大学共同利用機関法人人間文化研究機構総合地球環境学研究所（地球研）、一般社団法人イクレイ日本、公益財団法人京都市環境保全活動推進協会とともに、「2050年の世界の都市のあるべき姿」等を盛り込んだ「持続可能な都市文明の構築を目指す京都宣言（京都宣言）」を発表した。

3．「2050年二酸化炭素排出量正味ゼロ」の表明

　2018年 7 月に、気候変動に関する政府間パネル（Intergovernmental Panel on Climate Change, IPCC）の第49回総会の京都市での開催が決定し、京都市としても、これを契機として、市民の皆様に地球温暖化に対する関心や取組実践に係る気運をより一層高めていただけるよう、京都国際マンガミュージアムにおける「地球環境とマンガ」展や京都御苑におけるトークイベントなど、市内各所で環境に関する様々なイベントを実施した。

　そして、2019年 5 月 6 日から13日の間、国立京都国際会館において、世界180の国と地域から500名近くの政府関係者、科学者などの参加により、IPCC 第49回総会が開催され、「パリ協定」の取組を推進していくうえで不可欠な、各国の温室効果ガス排出量の算定方法に関する報告書の改良版である「IPCC 京都ガイドライン」が採択された。

　京都市においても、この総会の開催を記念し、総会開催期間中である 5 月11日に、IPCC 第49回総会京都市開催記念シンポジウム「脱炭素社会の実現に向けて～世界の動向と京都の挑戦～」を開催した。

　シンポジウムでは、京都における脱炭素化の道筋を議論するため、「京都の挑戦～プロジェクト “ 0 （ゼロ）” への道～」と題し、門川大作京都市長、京都大学の山極壽一総長（当時）、公益財団法人京都高度技術研究所・地方独立行政法人京都市産業技術研究所の西本清一理事長を交えたパネルディスカッションを実施し、IPCC が2018年10月に公表した「1.5℃特別報告書」の内容も踏まえ、全国の自治体に先駆け、京都市において「2050年二酸化酸素排出量正味ゼロ」を目指す決意を表明した（**図 1** ）。

　これを受け、登壇者有志らとともに、世界の平均気温の上昇を1.5℃以下に抑えるべく、2050年ごろまでに二酸化炭素排出量の「正味ゼロ」に向けて、あらゆる方策を追求し具体的な行動を進めていくことを決意し、世界に訴える「1.5℃を目指す京都アピール」を発表した。

　この「2050年ゼロ」表明には、「 3 つの決意」が背景にあった。

　1 つ目に、子や孫の世代に「なぜ、1.5℃を目指さなかったのか」と嘆かせることのないよう「未来に対する責任を果たす決意」。

　2 つ目に、「2050年ゼロ」は「京都だけで」達成できる課題ではなく、また、「京都だけが」達成できれば良い課題でもないため、達成のために、京都議定書誕生の地として、京都市自らが取り組むと同時に、国や国内外の自治体、都市と広く連携し、世界の脱炭素化を牽引していくという、「京都の責任を果たす決意」。

　そして 3 つ目。行政機関は目標を設定する際には、手段を考え、その積み上げ

図１　1.5℃を目指す京都アピール発表の様子

から「手堅い目標」を掲げがちであるが、地球温暖化を巡る危機は待ってはくれない。この危機を克服しない限り、私たちが築き上げてきた生活も、文化も、そして経済も存続できない。「2050年ゼロ」という目標から見て何をしていくべきか、全ては目標から逆算してやるべきことを考える必要があるという課題認識の下、「必要とされる目標」を掲げ、「覚悟を持って取り組む」ことを決意した。

　「私たちはこの地球を祖先から譲り受けたのではない。未来の子どもたちから借りているのだ」というネイティブ・アメリカンの言葉がある。

　京都市でも、未来の子どもたちに持続可能で豊かな地球環境をお返しできるかどうか、その瀬戸際に立っていると言っても過言ではないという認識の下、先述の３つの決意を背景に、「2050年ゼロ」を表明した。

　2019年５月に、京都市から始まった「2050年ゼロ」を目指す動きは、環境省による働き掛けにより、「2050年ゼロカーボンシティの表明」という形で全国へ広がり（2021年５月24日＝本稿執筆時点で389自治体が表明、表明自治体総人口は約１億1,037万人）、2020年10月26日には、菅義偉内閣総理大臣が所信表明演説において、我が国全体での2050年ゼロを目指す方針を表明された。

４．2050年ゼロの達成に向けた道筋の検討

　「2050年ゼロ」の表明を受け、速やかにこれを実現するための道筋を検討する

プロセスに入った。

　京都市では、京都市地球温暖化対策条例及び京都市地球温暖化対策計画に基づき、地球温暖化対策を推進しており、条例を改正し、新たな計画を策定することで、「2050年ゼロ」の道筋や方策を示すこととした。

　条例の改正等については、主に学識経験者や事業者団体の代表、地域のNPO等で構成される京都市環境審議会及びその部会である地球温暖化対策推進委員会において議論を行った。

　環境審議会における議論のポイントは**図2**のとおりである。

・2050年の京都の姿を踏まえ、中間目標や必要な取組等をバックキャストで検討
・これまでの延長にとどまらない対策を実施
・常に追加対策を検討し、取組を進化

図2　京都市環境審議会における議論のポイント

　こうしたポイントを踏まえ、改正条例や新たな計画においては、「2050年の京都が目指す社会像」を示し、市民・事業者の皆様と共有を図ることとした。

　また、2050年に向けた中間目標として、2030年度の温室効果ガス削減目標を掲げることとしたが、少なくとも直線的に減らせる量として、40％（2013年度比）を軸に検討を進めた。各省庁の方針や国立環境研究所AIMプロジェクトチーム「対策導入量の根拠資料」等を参考に、**表1**のとおり、対策強度等を設定し、温室効果ガス削減量の推計を行い、その実現可能性の確認を行うとともに、必要な対策分野の洗い出しを行った。

表1　対策強度等の主な設定

項目	設定内容
人口 一人当たりGDP	・横ばい ・年平均1.2％成長
建築物	・新築でZEHが標準 ・住宅の省エネ基準達成率27％（ストックベース） ・オフィス等の建築物の省エネ基準達成率59％（ストックベース）
家電・設備	・照明のLED化100％ ・高効率給湯器の普及75％
自動車	・自動車分担率20％以下 ・次世代自動車普及率50％（ストックベース）
再生可能エネルギーの利用拡大	・太陽光発電設備の導入量250メガワット ・再生可能エネルギー100％電気の契約割合10％

　中間目標として、40％削減では、直線的な削減には少し不足しているとの意見もあったが、更なる削減の上積みに向けては、2030年度のエネルギーミックスなど、全国的な取組が必要となることから、新たな技術等を積極的に取り入れ、対策を進化させるプラス・アクションにより、削減量の上積みを目指すことを前提に、2013年度比で2030年度までに40％以上の削減を目指すこととした。

　そして、その実現に向け、「ライフスタイル」「ビジネス」「エネルギー」「モビリティ」の４つの分野の転換を進める施策を推進することとした。

　さらに、対策の方向性として、危機感と目指す脱炭素社会像を共有し、全ての人が自主的・積極的に行動していただくことが重要であるという方向性の議論が展開されたことから、改正条例においては、各主体の責務を「自主的・積極的に行動する」というものへと強化するとともに、自主的な取組につながるような義務規定の新設等を行った。

　京都市環境審議会における議論の経過については、京都市ホームページ（https://www.city.kyoto.lg.jp/menu1/category/14-10-3-0-0-0-0-0-0-0.html）を参照いただきたい。

　一方、環境審議会における議論に止まらず、「2050年ゼロ」の表明によって様々な動きが生まれ、「2050年ゼロ」の達成に向けた道筋の議論を深めることができた。

　主なものを以下に紹介させていただく。

4.1　市役所庁内における「1.5℃を目指す将来世代職員フューチャー・デザインチーム」での議論

　2017年の京都宣言を契機として、共同宣言者の４者（京都市、地球研、イクレイ日本、京都市環境保全活動推進協会）により、その理念の実現に向け、連携した取組を推進するため、同宣言の推進における連携に関する協定を締結しており、脱炭素社会の実現に向けた共同研究等を進めることとなっていた。

　その一環として、地球研の「次の千年の基盤となる都市エネルギーシステムを構築するためのトランジッション戦略協働実践研究」からの技術支援を受け、「フューチャー・デザイン（FD）」の手法を活用し、「2050年ゼロ」の達成に向けた道筋の検討を行った（FDの考え方や京都市での討議のデザイン等については、大阪大学原圭史郎氏「カーボンニュートラル社会に向けたフューチャー・デザイン」の稿を参照されたい）。

　FDを活用した議論を進めるため、まず、2019年９月に市長を本部長とする庁内連携組織である「1.5℃を目指す地球温暖化対策推進本部」の下に、施策推進

チームとして「1.5℃を目指す将来世代職員フューチャー・デザインチーム（FD
チーム）」を発足した。

　FD チームのメンバーは庁内公募により、様々な部局、職種の25名の若手職員
が参画することとなった。

　9 月の発足会議を皮切りに、2020年 1 月までに合計 5 回の会議を開催し、「建
物」「移動」「土地利用・緑」「ライフスタイル」の 4 テーマにより分けられた各
グループにおいて、「2050年の京都市」「2030年までに取り組むべき施策集」「2020
年職員への応援メッセージ」の 3 項目を含む「2020年現在職員へ送るメッセー
ジ」を取りまとめた。

　このうち、「2050年の京都市」の項目については、新たな計画に掲載している
「2050年の京都が目指す社会像」へ反映した（**表 2** 参照）。

　また、「2030年までに取り組むべき施策集」については、新たな計画が、個別
事業レベルの取組までを掲載していないことから、直接的には反映していない
が、今後、プラス・アクションを検討する際の「種」として活用することとして
いる。

表 2　FD チームにおいて取りまとめた「2050年の京都市」の反映例

項目		内容 （下線部が FD チームの「2050年の京都市」を反映した部分）
暮らしの姿	住まい	使用量以上のエネルギーを生み出す環境性能の高い住宅を選び、快適で健康的な暮らしが標準化
	つながり	地域をはじめ多様なコミュニティのつながりの中で、融通、地産地消などのエネルギーや資源の有効利用が普及
仕事の姿	オフィス	環境性能が高く、健康・快適で、エネルギーを自給自足するオフィスやビルが標準化
	働き方	仕事環境のデジタル化や通勤やオフィスの概念の変化等を通じて、時間や場所にとらわれない働き方が定着
まちの姿	エネルギー	再生可能エネルギーの余剰電力の地域・コミュニティ単位での活用システムや再生可能エネルギーを多く生み出す近隣自治体との連携等により、再生可能エネルギーの供給が様々な形で行われ、使用するエネルギーは100％再生可能エネルギー化

4.2　若者世代との意見交換

　2018年 8 月に、スウェーデンの少女グレタ・トゥーンベリさんが気候変動対策
の強化を求めて授業のストライキを行ったことが発端となり世界へ広がった
Fridays for Future の活動に呼応して、京都市が2050年ゼロを表明する 2 箇月前

の2019年3月に、京都市においても、Fridays for Future Kyoto（FFF Kyoto）の主催により、気候変動対策の強化を求める「気候マーチ」が実施された。

FFF Kyotoのメンバーは高校・大学生が中心であり、まさに2050年に社会の中心を担う「将来の世代」であることから、積極的に交流を行ってきた。

具体的には、「気候マーチ」開催時の市役所の若手職員による気候危機に関するスピーチや市政に関するオンライン勉強会、市長が現地・現場で市民の皆様と交流し意見交換等を行う「おむすびミーティング」での意見交換（**図3**）など、様々な機会に意見交換等を行った。

また、2019年5月には、FFF Kyotoから4つの提言事項を含む「京都市長への提言」を受けているが、次のとおり、「2050年ゼロ」の達成に向けた道筋の議論の深まりに合わせて、提言事項をおおむね実現している。

・若者との政策的対話の場を設定すること
　　→FFF Kyotoと市長との「おむすびミーティング」を実施
・気候非常事態宣言（Climate Emergency Declaration）を発表すること
　　→2020年11月市会において議員提案による、「脱炭素社会の実現を目指す決議について」が全会一致で可決された。本決議において、気候非常事態宣言がなされている。
・石炭火力に融資している銀行からの投資引上げ（ダイベスト）をすること
　　→2021年3月に、石炭火力発電からの脱却の加速化を目指す国際的な連盟「脱石炭連盟（The Powering Past Coal Alliance：PPCA）」に日本で初めて加盟
・「2050年までに自然エネルギー100％を達成する」を宣言すること
　　→新たな計画の「2050年の京都の目指す社会像」に記載

これらの動きの他にも、「京（みやこ）のアジェンダ21フォーラム」におけるワークショップや、地域の自治会代表者の集会における意見交換など、あらゆる機会を捉えて、様々な主体との議論を行ってきた。

こうした様々な主体との議論のほか、環境審議会（部会を含め計12回開催）や議会（5回）による審議、2度にわたるパブリックコメント手続きの末に、2021年3月に新たな計画が完成し、4月には改正条例が施行された。

なお、改正条例は、親しみが持てるよう、そして、「2050年ゼロ」を目指すものであることが、市民・事業者の皆様に伝わりやすくするため、公募の上、「京都から」、そして、「今日から」2050年二酸化炭素排出量正味ゼロにむけて取り組むことを表現した「2050京（きょう）からCO$_2$ゼロ条例」という愛称を付している。

図3　京都市長と Fridays for Future Kyoto との「おむすびミーティング」の様子

5．むすびに

　2050年ゼロに向けた中間目標を2013年度比で40％以上と定めたが、カーボン・バジェット（温室効果ガスの累積排出量の上限）を踏まえると、「以上」としたところを、どれだけ上積みできるかが重要となってくる。

　思い起こせば、十数年前、2020年度までの10年間の計画を検討している際には、現在のような再生可能エネルギー100％電力プランなどは存在せず、新型コロナウィルス感染症拡大の影響が大きいとは言え、役所の職員までもがリモートワークを行うことなど想定もしていなかった。

　そうした、現時点では実用化されていない、あるいは存在しない新たな手法や技術等を貪欲に取り入れ、より削減量の上積みを図るため、新たな計画には常に新たな施策を検討する「プラス・アクション」の考えを明記している。

　また、新たな計画の策定等に当たっては、フューチャー・デザインの取組に関わっていただいた地球研の研究チーム、Fridays for Future など、様々な主体の方に「知恵」をいただいた。

　脱炭素社会の実現は「京都だけ」で達成できる課題ではないが、その道筋の検討も「京都市役所だけ」では成し得るものではなかったと考えている。

　先に御紹介した事例以外にも、2019年10月に、世界的 IT 企業 Google の、世界の各都市における太陽光パネルの設置ポテンシャル等を可視化するツール

「Environmental Insights Explorer（EIE）」（https://insights.sustainability.
google/）において、日本の都市としては初めて京都市のデータが公開されるな
ど、世界の脱炭素化に向けた潮流に合わせて、その検討を進めるに当たって参考
となる様々な情報やツールも出てきた。こうした新たなツール等を積極的に導
入・活用できたことは、脱炭素に向けた道筋を検討するに当たって非常にプラス
に働いたと感じている。

　京都は、明治時代に都が東京へ移り、産業が衰退、人口が減少し危機的な状況
に陥った。この状況を打開するために、市民が一丸となり、琵琶湖疎水を建造
し、水力発電を行い、市電を走らせた。

　令和の今、豪雨や猛暑など、地球温暖化に伴う影響が顕在化・深刻化し、「気
候危機」「気候非常事態」と捉えるべき状況となっている。先人たちの偉業に倣
い、この危機を乗り越え、改正条例に掲げた「将来の世代が夢を描ける豊かな京
都」を実現していきたい。

第4部

第3章

小田原市における
シェアリングEVを活用した
脱炭素型地域交通モデル

小田原市　山口一哉

小田原市では、再生可能エネルギーの導入拡大と並行して、蓄電池を活用した面的なエネルギーマネジメントを推進。EVにシフトする国際的な潮流を踏まえ、EVの"動く蓄電池"、エネルギーマネジメントのリソースとしてのポテンシャルに着目し、公民連携によるシェアリングEVを活用したエネルギーマネジメント事業を実施している。2050年カーボンニュートラルの実現に向け、①地域エネルギーマネジメントの高度化、②地産再エネの活用先の一つとして需給一体的な拡大を促進、③シェアリングによるライフサイクル稼働率の向上、④観光、経済、防災などの地域課題への貢献、を兼ね備えた脱炭素型の地域交通モデルとして取組が推進されている。

Keywords

シェアリングEVを活用した脱炭素型地域交通
モデル

カーシェアリング、エネルギーマネジメント、動く蓄電池

1．持続可能なまちづくりに向けた EV の活用

　小田原市は、神奈川県西部に位置する人口約19万人の地方都市である。東京都心部から新幹線で約30分、交通至便な立地の中で、森里川海がコンパクトにまとまった自然特性、そしてこれに裏打ちされた歴史・文化・産業が息づくまちである。

　小田原市では、2011年の東日本大震災以降、持続可能な地域社会の実現に向けて再生可能エネルギーを活用した分散型のエネルギーシステムの重要性を認識。以降2012年に組織変更を行い、エネルギー政策の推進を専門に担うスタッフを配置するとともに、一貫して環境・エネルギー政策を優先課題として取組を推進している。

　再生可能エネルギーは地域固有の資源であること、であるからこそ地域内で地域の活性化等に資するよう活用されなければならないということを条例において明確に示し、地域の様々な資源を最大限有効活用した持続可能な構築を目指している。

　とりわけパリ協定以降、低炭素から脱炭素への潮流の中で、2019年11月に本市では2050年のカーボンニュートラルの実現を目指すことを表明。積極的な公民の連携を軸に、シェアリング EV（Electric Vehicle）を活用した、脱炭素型の地域交通モデル構築等の取組を推進している。

2．取組の背景

　本市では、再生可能エネルギー、とりわけ太陽光発電を主力とした導入拡大を図っている。時間帯、そして気象条件で発電量が変動する性質をいかにして吸収し、将来的な再生可能エネルギーの大量導入を可能にしていくか。こうした点から、本市では蓄電池などを組み合わせた面的なエネルギーマネジメントの高度化を一つの柱とし、取組を進めているところである。

　加えて、地域の事業者と地域外の先進技術の積極的な活用・連携を組み合わせた、公民連携のアプローチを一貫して行ってきたことが特徴となっている。

　今回取り上げるシェアリング EV を活用した脱炭素型の地域交通モデル事業は、EV に特化したカーシェアリングと、EV を"動く蓄電池"としたエネルギーマネジメントを両立させた公民連携の事業であり、地域の交通政策の延長線上ではなく、エネルギーマネジメントの観点からの切り口となっている点も含め、本市の特徴的なアプローチの事業である。

　まずは、再生可能エネルギーの面的な活用、エネルギーマネジメントの高度化

を実現するためのステップを示しながら、EVの動く蓄電池としての活用に至った背景を紹介したい。

⑴　バックボーンとなるコンセプトと条例

　本市では、市内における再生可能エネルギーの利用等の促進に関する基本的な考え方を示した「小田原市再生可能エネルギーの利用等の促進に関する条例」を2014年4月に施行、翌2015年10月にはこの条例に基づく「小田原市エネルギー計画」を策定し、公共施設への太陽光発電設備導入や固定価格買取制度に基づく再生可能エネルギー事業の奨励などの取組を進めている。

　条例では、再生可能エネルギーを地域固有の資源とした上で、再生可能エネルギーの利用等の促進を持続可能なまちづくりの"手段"として活用することを定めており、これが本市エネルギー政策のバックボーンとなるコンセプトとなっている（**図1**）。

　2050年の脱炭素社会の実現がターゲットとなることで、目指すべき目標はより高いものとなったが、数値目標はさることながら、再生可能エネルギーをどのように活用して、どういった社会を目指すのかを考える上で、再生可能エネルギー条例に掲げたコンセプトは引き続き重要な視点であると考えている。

⑵　これまでの取組のステップ

　図2は、本市のエネルギー政策のステップを示している。

　「地産の電源を創る」ところを第一歩として、電力の小売全面自由化を受けて「地産電力を地域に届ける仕組みを構築」、さらに再エネの大量導入には蓄電池が不可欠であるとの考えから、ステップ3として「分散配置された蓄電池を遠隔群制御」へと段階的取組を進めている。

　特にこのステップ3からは、再生可能エネルギーの導入促進を図りながら、これをいかに地域で効果的に活用していくか、再生可能エネルギー特有の変動性を吸収するしくみを構築できるかがテーマとなっている。

　蓄電池はそれまで、BCP対策をメインに置きつつ、施設の電力ピークのカットとこれに伴う電力料金の削減がメリットであったところ、遠隔での充放電制御によりいわゆるVPP（Virtual Power Plant）のリソースとしての観点を加えることで、導入の障壁を下げられないかと考えたものである。

　しかしながら一方で、蓄電池の導入コストは依然として高く、既存の設備に制御機能を付加するなどにより負担感の低減を図っていくことが重要な課題として残った。

　こうした中で、世界的なEVシフトの潮流を捉え、EVを動く蓄電池と見立てエネルギーマネジメント機能を付加できないかという視点が、**図2**におけるステップ4の取組につながっている。車の本来持つ移動機能に加え、その隙間の停

2014年4月、小田原市再生可能エネルギーの利用等の促進に関する条例の制定

条例の基本理念
・再生可能エネルギーは、"地域固有の資源"である。
・再生可能エネルギーは、地域に根ざした主体により、防災対策の推進及び地域の活性化に資するように利用されるべき。

再生可能エネルギー事業に対する支援
・市内で実施される「再生可能エネルギー事業」に対し、奨励金の交付を行う。

市民参加型再生可能エネルギー事業に対する認定と支援
・市民の参加などの一定の条件を満たす再生可能エネルギー事業を「市民参加型再生可能エネルギー事業」として認定し、奨励金の交付等の支援を行う。

再エネ利用等の促進を手段として、持続可能なまちづくりを目指す。

小田原メガソーラー市民発電所　上空写真

図1　小田原市再生可能エネルギーの利用等の促進に関する条例

2014年	2016年	2017年	2019年〜	2020年〜
再エネ事業の創出	地域新電力との連携	蓄電池による面的なエネルギーマネジメント	EVを"動く蓄電池"としたエネルギーマネジメント	配電網を有効活用した面的エネルギーマネジメント
ステップ1	ステップ2	ステップ3	ステップ4	ステップ5

図2　小田原市エネルギー政策のステップ

止している時間を"蓄電池"として活用することで、社会的な導入の負担感を低減することを企図したものである。

3．EVに特化したカーシェアリングサービスの概要

　シェアリングEVを活用した、脱炭素型の地域交通モデルは、2019年度に環境省の「脱炭素イノベーションによる地域循環共生圏構築事業のうち脱炭素型地域交通モデル構築事業」補助金の採択を受け、その取組を開始した。このモデルは、EVを活用した「カーシェアリングサービス」、充放電の遠隔制御による「エネルギーマネジメント」、動く蓄電池としての「地域課題の解決への貢献」といった3要素からなるが、ここではまずベースとなる「カーシェアリングサービス」の概要について紹介する。

　カーシェアリングは、エネルギーマネジメントのノウハウを持つスタートアップである株式会社REXEV（レクシヴ）がサービス提供の主体となり、湘南電力、及び本市の3者が連携し、2022年度までに地域に100台程度のEVを導入、エネルギーマネジメント連動型のEVシェアリング事業を地域に展開するものとなっている。

　株式会社REXEVの創立メンバーは、もともと電力の需給調整等に係るエネルギーマネジメントサービスを提供する企業でノウハウを積み、独立したメンバーである。将来的にEVの導入が進み、その充電タイミングが集中することで電力需要の大きなピークが生じ、施設の契約電力量に、ひいては電力系統にも影響が無視できなくなる。こうした課題感から、充放電をインテリジェントに制御する仕組みへのニーズとマーケットが生まれることを見据え、いち早く事業を立ち上げている。

　まだまだコストの高いEVを効率的に活用するため、“シェアリング”のアプローチをとりながら、サービスの提供とエネルギーマネジメントを両立するシステムを構築。これまでのカーシェアリングビジネスの延長線ではなく、エネルギーのエキスパートがEVに特化したシェアリングサービスのノウハウを積むという点で、新しいアプローチの事業モデルとなっている。

　こうした点が、EVを活用したエネルギーマネジメントの高度化と、“脱炭素”をキーワードに地域に根付く再エネ活用サービスを探る本市の思惑にも合致し、2019年10月、事業協定の締結、連携に至ったものである。自治体にあっては、地域の課題や実現したいコンセプトをメッセージとしてしっかりと発信すること。こうしたアクションが、公民連携のきっかけやその後のプロジェクトの発展につながる前提になったと考えている。

　また本プロジェクトの実施にあたっては、市が主体となった連絡会議を開催している。会議には、地域のエネルギー事業者や金融機関、市外の大手企業も参加し、プロジェクトをベースにした新たな取組の創出も企図しており、後述する地

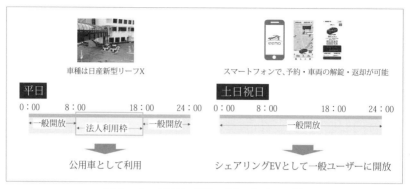

図3　シェアリングサービスのイメージ

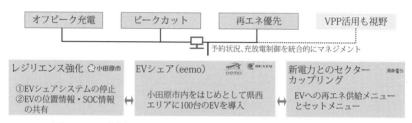

図4　EV を活用した脱炭素型の地域交通モデル事業の全体像

域マイクログリッドのプロジェクト創出などにもつながっている。

　実証のフィールドの提供をはじめ、新たなサービスが地域に溶け込めるようなサポート、コーディネートを継続して行うことが、今後地域における自治体の役割としてますます重要になると強く感じるところである。

　プロジェクトについては協定の締結後2020年6月から、一般向けに EV シェアリングサービスを開始し、以降ステーション及び EV 台数の拡大を進めている。

　2021年4月時点では47台、27ステーションが地域に展開されており、サービス利用者はスマートフォンのアプリを活用し、予約から車の解錠、施錠、返却までを一貫して行うことができるものとなっている。

　本市庁舎にもステーションが設置され、2台の EV が平日日中は公用車として、夜間休日は一般にシェアカーとして開放されている（図3）。

4．シェアリング EV を活用した地域エネルギーマネジメント

　EV に特化したカーシェアリングサービスに加え、これと両立するエネルギーマネジメントは、図4上部に示したとおり、①施設に対するオフピーク充電、②

ピークカット、そして③再生可能エネルギー（太陽光発電）の発電量予測に基づく再生可能エネルギー優先充電マネジメントである。

　再生可能エネルギーの活用状況はアプリ上に表示され、利用者は車両の再生可能エネルギーのカバー割合をいつでも把握することができる。

　なお、この取組の主眼は、EV 利用のユーザビリティーを損ねることなく、かつ施設・系統線に負担をかけないインテリジェントなマネジメントにある。

　そのため、EV ステーションの充放電器は、急速充電でなく、6 kW の普通充電が採用されている。予約状況に応じ事前に充電時間を確保するなど、蓄電残量や走行距離予測など複数の変数を組み合わせた制御が行われ、データの蓄積も並行して進んでいる。また、シェアリング EV は、VPP のリソースとしての利用を見据えた実証においても活用され、実際に蓄電池として電力の面的なバランス調整への貢献性が確認されている。

5．地域課題解決への貢献

　本事業は、長期には2050年のカーボンニュートラルを見据えつつ、環境・経済・社会課題の同時解決を目指す、脱炭素型の地域交通モデルとして、環境省の補助事業を活用して実施されている。

　EV を "動く蓄電池" として捉え、①地域のエネルギーマネジメントの高度化につなげること、②地産再エネの活用先の一つとして需給一体的な拡大を図ること、③ EV 転換だけでなく、シェアリングにより無駄のない活用を図ること。

　もちろんこれらは脱炭素型のモデルとして必須のものであるが、特に重視すべきは④観光、経済、防災などの多様な地域課題への貢献性、この 4 点を兼ね備えることにある。

　本市では公民連携し、EV に特化したカーシェアリングとエネルギーマネジメントを軸にしつつ、EV を "動く蓄電池" として、"環境・エネルギー" × "地域課題" の取組を展開している（**図 5**）。

(1)　災害時の活用

　レジリエンスの向上への貢献として、この事業では災害時に避難所等へ EV を派遣する仕組みを構築している。

　EV の位置情報や蓄電残量等を遠隔で把握できるシステム特性を活かし、避難所等への効率的な配車を可能にしている。

　小田原市・日産自動車株式会社との災害協定も活かしながら、地域の EV リソースを最大限有効に活用していくスキームとなっている（**図 6**）。

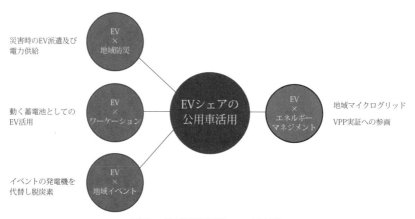

図 5　地域課題解決への貢献性

EVを活用した地域エネルギーマネジメントモデル事業
（小田原市・REXEV・湘南電力）

災害協定（小田原市・日産自動車）

EVに特化したカーシェアリング、エネルギーマネジメント、EVからの給電サービス等による平時の利便性の向上と、非常時の防災性の向上の同時達成を図る

図 6　災害時の活用

(2)　地域マイクログリッド事業

　2020年度からは、京セラ株式会社をはじめとする複数の企業と連携し、新たに地域マイクログリッド事業を実施している。

　ここでは、「地域マイクログリッド」を、地域の再生可能エネルギーと蓄電池等、そして既存の配電網を活用して電力を面的に利用する小さな電力網のシステムと捉えている。平時は地域の送配電ネットワークを活用、地震や台風などによる大規模停電が発生した場合にはこの送配電ネットワークから切り離し、当該小規模な電力網を独立運用することが地域マイクログリッド事業の目的である。

　本事業では2050年のゼロ・カーボン社会を見据えつつ、太陽光発電設備と周波数調整等マイクログリッド運用に対応した蓄電池とエネルギーマネジメントシス

平時：再エネの導入拡大につながるよう蓄電池等を制御

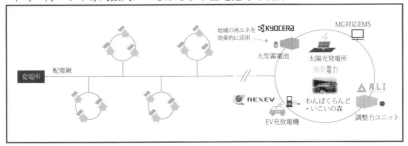

非常時（大規模停電等）：太陽光発電設備と蓄電池等で独立運用

図7　地域マイクログリッド事業のイメージ

テムでマイクログリッド内を自立運用することを企図しており、太陽光発電を主力とし脱炭素化を目指す他の地域に対しても有益な知見が得られるものと考えている。

　地域マイクログリッドが構築されるのは小田原こどもの森公園わんぱくらんどのエリア内で、高圧の非FITの太陽光発電設備と大型の蓄電池等が新規に導入される。地域マイクログリッドとして系統線から切り離され自立運用する場合以外の平時については、これらの設備が市内の再生可能エネルギーの変動性の吸収に使われるなど、分散型の再生可能エネルギーの導入を需給一体的に牽引していくことを予定している。

　加えて、EVを活用したエネルギーマネジメントといったステップを活かし、EVもこの地域マイクログリッド内で蓄電池として一部利用することを想定。

　今後は、動く蓄電池たるEVを媒介として、地域マイクログリッドエリアの電力を他地域に届けることを検討するなど、地域マイクログリッドの自立運用効果を最大化することもEV活用の意義として視野に入れている（**図7**）。EVは、電力システムを補完する機能として様々なシステムとの連携が期待される点で

も、引き続き重要な意義があるものと考えている。

6．脱炭素社会の実現に向けて

　これらのステップ、とりわけ2019年に脱炭素社会の実現を目指すといった表明を行って以降に本格化したEVを活用したエネルギーマネジメント事業は、脱炭素を念頭に置いたパイロット的なプロジェクトの位置づけである。

　2050年の脱炭素社会の実現に向けては、個別施設の脱炭素化を独立して行う視点に加え、地域内の複数のリソースを束ねつつ、系統線やEV、デジタル技術を駆使し、域外からの再エネ調達やオフセットの仕組みもパッケージで整えたシステムを構築し、地域のプレーヤーが一丸となってトータルでの脱炭素化を図ることが今後の本市の課題である。

　2050年の社会の姿を想像することは大変難しいが、いずれにしてもエネルギーを含むあらゆるリソースが、ライフサイクルを通じて最大限効率的に、かつ効果的に活用されたムダのない社会であると考えられる。当然ながらこれは環境面だけでなく、経済面、社会課題解決の側面も併せ持つものである。

　EVを活用した取組はこうした要素の一つであり、拡張性・発展性が大きい。この取組を媒介としつつ、地域において再生可能エネルギーをはじめとしたあらゆるリソースの最大限効果的な活用、好循環の仕組みづくりに今後も取組んでいきたい。

第4部

第4章

脱炭素社会の実現に向けた地方公共団体の取組について

環境省　澁谷潤

　政府による2050年カーボンニュートラル宣言や、ゼロカーボンシティを表明する地方公共団体の増加など、脱炭素社会の実現に向けて大きな変化が起こっている。環境省は、これまでも推進してきた地方公共団体実行計画制度の運用や、地方公共団体の計画策定や設備導入等を支援する事業に加え、改正地球温暖化対策推進法に基づく地域脱炭素化促進事業の推進や、国・地方脱炭素実現会議においてとりまとめられた地域脱炭素ロードマップに基づく取組などにより、地域の資源を活用し、地方創生にも資するよう、地方公共団体の脱炭素化に関する取組を一層促進していく。

Keywords

地方公共団体における脱炭素化の取組

地方公共団体実行計画　改正地球温暖化対策推進法
地域脱炭素ロードマップ

1．地方公共団体の気候変動対策を巡る動向等

　2015年にパリで開催された「国連気候変動枠組条約第21回締約国会議」（COP21）では、2020年以降の気候変動問題に関する国際的な枠組みである「パリ協定」が採択された。2018年に公表された気候変動に関する政府間パネル（Intergovernmental Panel on Climate Change；IPCC）の「1.5℃特別報告書」では、世界全体の平均気温の上昇を、2℃を十分下回り、1.5℃の水準に抑えるためには、CO_2排出量を2050年頃に実質ゼロとすることが必要とされている。この報告書を受け、世界各国で、2050年までのカーボンニュートラルを目標として掲げる動きが広がった。

　我が国は、2020年10月に、2050年カーボンニュートラル、脱炭素社会の実現を目指すことを宣言した。また、2021年4月には、2050年カーボンニュートラル目標と整合的で野心的な目標として、2030年度に温室効果ガスを2013年度から46％削減することを目指すこと、さらに、50％の高みに向け挑戦を続けることを宣言した。さらに、2021年5月に成立した地球温暖化対策の推進に関する法律の一部を改正する法律（改正地球温暖化対策推進法）においては、2050年カーボンニュートラルが基本理念として法に位置づけられることとなった。

　地方公共団体における地球温暖化対策に関する動向についても、脱炭素社会の実現に向けて変化が生じつつある。「2050年までの二酸化炭素排出量実質ゼロ」を目指す地方公共団体、いわゆるゼロカーボンシティは、気象災害の激甚化に対する危機感の高まりなどを背景に加速度的に増加している。2019年9月時点ではわずか4団体が表明しているのみであったが、2021年6月14日時点においては400団体を超えており、表明団体の人口を足し合わせると、1億1000万人を超えている（**図1**　ゼロカーボンシティ表明自治体数、人口の推移）。

　このような目標を自らの計画に位置づける地方公共団体も既に出始めており、例えば、長野県は2021年6月に、温室効果ガスの排出量について、2050年度に実質ゼロ、2030年度に6割減を目標とするとともに、再生可能エネルギーの生産量について、2050年度までに3倍、2030年度までに2倍に増やすことを目標とする「長野県ゼロカーボン戦略」を策定した（同戦略は、長野県の地方公共団体実行計画としても位置づけられている）。

　環境省としても、これまで以上に地方公共団体の気候変動対策を積極的に支援していくことにより、地域における脱炭素化の推進を図っていく必要がある。

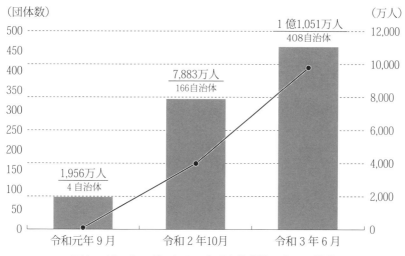

（団体数）　　　　　　　　　　　　　　　　　　　　　　　　　　　　（万人）

図1　ゼロカーボンシティ表明自治体数、人口の推移

2．地方公共団体実行計画制度の概要

　地球温暖化対策の推進に関する法律（平成10年法律第117号。以下「地球温暖化対策推進法」という。）第21条に基づき、都道府県及び市町村は、国の地球温暖化対策計画に即して、地球温暖化対策の推進のための計画（地方公共団体実行計画）の策定を行うことが求められている。この「地方公共団体実行計画」については、策定する内容の違いから、「事務事業編」及び「区域施策編」の2つに分けることができる。

　「事務事業編」は、地方公共団体自らの施設や事業からの温室効果ガスの排出削減等に関する計画であり、全ての地方公共団体に対して策定が義務づけられている。全国に多数存在する公共施設等からの排出削減を図ることは、我が国の温室効果ガス総排出量の削減を推進する上でも重要であることに加え、地球温暖化対策の推進に当たっては、国や地方公共団体が率先して取り組むことが重要であり、とりわけ住民生活にとって身近な公共施設において様々な対策を進めていくことは、住民等の地球温暖化対策をリードすることにも繋がりうる。原則として、地方公共団体が行う全ての事務事業が対象であり、対策の一例としては、外皮性能の向上や省エネ設備導入等による省エネ化、再エネ設備の導入、グリーン購入・グリーン契約の推進等が挙げられる。このため、策定に当たっては、全ての部局を巻き込んだ体制を整えること、とりわけ、管財部局や営繕部局などとの連携が不可欠であり、公共施設等総合管理計画など関連する行政計画との連携を

図っていくことが必要である。

　施策の推進に当たっては、温室効果ガスの削減だけでなく、光熱水費の削減、庁舎管理の高度化・効率化など、環境面以外のメリットも併せて創出していくことが重要である。例えば、地方公共団体が避難施設、防災拠点として位置づけている公共施設に再エネ設備と蓄電池などを併せて導入することで、平時はエネルギー利用の脱炭素化を図りつつ、災害等により大規模な停電が起きた際にエネルギー供給を可能とし、防災面でも役立つ施設とすることが可能である。

　「区域施策編」は、地方公共団体の区域全体における排出削減対策等に関する計画であり、住民・事業者による取組も含む計画である。全ての都道府県、指定都市及び中核市（施行時特例市を含む。）に対して策定が義務付けられている。また、後述する改正地球温暖化対策推進法において、それ以外の市町村についても策定することが努力義務となった。具体的な策定内容としては、区域の自然的条件に適した再生可能エネルギーの利用促進、住民、事業者などの省エネルギー活動の促進、都市機能の集約などの地域環境の整備、廃棄物等の発生の抑制の促進などに関する事項を盛り込むこととされており、非常に幅広い分野における施策の立案が求められる。このため、区域施策編の策定に当たっては、区域の気候や再生可能エネルギーの導入可能性、産業構造、人口動態などの区域の特性を整理し、得られた情報を基に重点的な施策について検討していくことが重要である。また、地方公共団体における総合計画、都市計画、農業振興地域整備計画、低炭素まちづくり計画、地域公共交通網形成計画等の温室効果ガスの排出の抑制等と関係を有する施策について、地方公共団体実行計画と連携して温室効果ガスの排出の抑制等が行われることが望ましい。

　区域全体を対象とする施策を推進していく上では、事務事業編よりも更に多くの関係者との連携、共同が必要不可欠である。先進的に取組を進めている地方公共団体の多くは、再エネなどの地域の資源を活用しながら、気候変動対策を地域経済の活性化、災害に強いまちづくり、住民の健康増進など、他の地域課題の解決にもつなげるように取り組んでいる。このことは、気候変動対策を推進する上で、庁内の関係部局や、住民や事業者等の地域の関係者との円滑な合意形成を図っていくに当たっても非常に重要な点である。

3. 改正地球温暖化対策推進法の概要

　令和3年5月26日に成立した改正地球温暖化対策推進法において、区域の排出削減を一層促進するため、地域における合意形成を図りながら、地域の再エネ導入を促進していくための制度が創設されることとなった。本項では、特に地域の

脱炭素化に向けた改正内容について概説を行う。

3.1　改正の背景

　地域の脱炭素化のためには、地域資源である再エネの活用が重要であるが、再エネ事業に対する地域トラブルも見られるなど、地域における合意形成が課題となっている。その要因として、十分な地域環境への配慮がなされない、あるいは周辺住民等との合意形成を経ない形で再エネが導入されることにより、景観悪化や騒音等の環境トラブルや地滑り等の災害が発生している（又はその懸念が周辺住民等の側に存在する）こと等が挙げられ、再エネ設備の導入を条例で制限する地方公共団体も急増している状況にある。一方、地域で利用するエネルギーの大半は、輸入される化石資源に依存している中、地域の企業や地方公共団体が中心になって、地域の雇用や資本を活用しつつ、地域資源である豊富な再エネ等のポテンシャルを有効利用することは、地域の経済収支の改善につながる等のメリットが期待できる。

　このため、地域への更なる再エネ導入に当たっては、地域環境に適切に配慮するとともに、地域経済の活性化や防災等社会面の課題の解決にも貢献する事業とし、地域における合意形成を図りながら推進していくことが重要であり、そのような事業を促進するための制度として、今般新たに創設がなされたものである。

3.2　改正の内容

　区域施策編において、地方公共団体が定める施策についてその実施目標を合わせて定めることが必要となった。条文上、これまでは施策ごとの目標は必須の記載事項ではなく、例えば、区域施策編において再エネ導入目標を設定している都道府県は約3割であったが、本改正により、区域の施策推進を図っていく上で有効と考えられる再エネ導入目標等の施策目標の設定が行われていくことが期待される。

　さらに、市町村が、地域経済・社会の持続的発展に資する取組や、地域の環境保全に配慮した再エネ事業を認定する制度が創設された。

　具体的な制度の流れとして、市町村は、実行計画において、地域脱炭素化促進事業（再エネ施設等の整備とその他の地域の脱炭素化のための取組を一体的に行う事業であって、地域の環境保全及び地域の経済・社会の持続的発展に資する取組を併せて行うもの）の促進に関する事項を定めることとする。具体的には、促進区域、地域の環境の保全のための取組、地域の経済及び社会の持続的発展に資する取組等を定めるよう努めることとする。

　次に、地域脱炭素化促進事業を行おうとする者は、事業計画を作成し、地方公

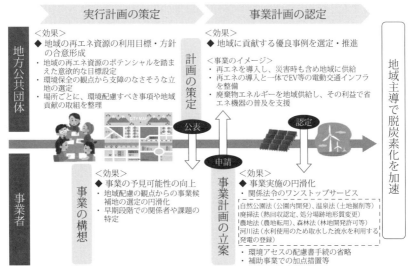

図2　改正地球温暖化対策推進法に基づく実行計画策定、事業認定の流れ

共団体実行計画に適合すること等について市町村の認定を受けることができる。この認定を受けた認定事業者が認定事業計画に従って行う地域脱炭素化促進施設の整備に関しては、関係許可等手続のワンストップ化等の特例を受けることができる。

　また、都道府県は、その実行計画において、地域の自然的社会的条件に応じた環境の保全に配慮し、地域脱炭素化促進事業について市町村が定める促進区域の設定に関する基準を定めることができる。

　これにより、地域課題の解決に貢献する再エネ活用事業については、市町村の積極的な関与の下、地域内での円滑な合意形成が図られやすくなるといった基盤が整うことが期待される。環境省としては、地方公共団体との連携の下、本制度の活用を通じ、地域に貢献する再エネ事業の拡大を図っていく。

4．地方公共団体における課題や国による支援等

　環境省では、毎年、全国の地方公共団体を対象に「地球温暖化対策の推進に関する法律施行状況調査」（以下「施行状況調査」という。）を行っており、「地方公共団体実行計画」の策定状況等を調査し、地方公共団体の地球温暖化対策・施策への取組状況等を確認している。2020年10月時点においては、事務事業編は1,788団体中1,611団体が策定済である（策定率は90.1％）。また、区域施策編は

585団体が策定済である（策定率は32.7％）。ただし、区域施策編については、策定義務のある団体の策定率は100％となっている。

　計画を策定・改定していない理由としては、「計画を策定・改定するための人員がいないため。」、「地球温暖化対策に関する専門知識が不足しているため。」、「計画に盛り込む対策の予算等の確保が難しいため。」という理由が多い。また、人口1万人未満の市町村では、地球温暖化対策に関する業務を実際に担当する職員数が「0人」の団体も約18％存在する。

　このため、地域における脱炭素化の取組を推進していく上では、地方公共団体の人員不足、専門的な知見の不足を補うことは大きな課題であり、環境省では各種の支援を行っているところである。具体的には、地方公共団体実行計画の運用指針などをとりまとめた「地方公共団体実行計画策定・実施マニュアル」の策定、事務事業編の運用に係る業務負担低減、排出算定作業の簡素化等を目的とした「地方公共団体実行計画策定・管理等支援システム」（Local Action Plan Supporting System；LAPPS）の整備、統計データなどを用いて作成した都道府県・市町村別の排出量データである「自治体排出量カルテ」の作成などの情報基盤整備を行っている。

　更に、令和3年度予算等に位置づけられた「ゼロカーボンシティ再エネ強化支援パッケージ」においては、地域における2050年を見据えた再エネ目標等の策定、地域における再エネ導入に当たってのゾーニング、合意形成等の取組、地域の再エネ事業の実施・運営体制の構築などの取組に対する支援事業を行っているところである。

　また、2020年12月から2021年6月にかけて計3回開催された「国・地方脱炭素実現会議」においては、特に地域の取組と国民のライフスタイルに密接に関わる分野を中心とした脱炭素化の取組に関して、ロードマップ及び具体的な方策について議論がなされ、「地域脱炭素ロードマップ」としてとりまとめられることとなった。本ロードマップの主要なメッセージとして、地域脱炭素は、地域課題を解決し地域の魅力と質を向上させる地方創生に貢献するものであるということが記載された。また、今後の5年間を集中期間として、政策を総動員して、地域脱炭素の取組を加速するための具体的な対策の柱として、以下の3つが掲げられた。

① 脱炭素先行地域をつくる

　地方自治体や地元企業・金融機関が中心となり、環境省を中心に国も積極的に支援しながら、少なくとも100か所の脱炭素先行地域で、2025年度までに、脱炭素に向かう地域特性等に応じた先行的な取組実施の道筋をつけ、2030年度までに実行する。これにより、農山漁村、離島、都市部の街区など多様な地域におい

て、地域課題を解決し、住民の暮らしの質の向上を実現しながら脱炭素に向かう取組の方向性を示す。

② 脱炭素の基盤となる重点対策の全国実施

　2030年度目標及び2050年カーボンニュートラルに向けて、自家消費型の太陽光発電、住宅・建築物の省エネ、ゼロカーボン・ドライブ等の脱炭素の基盤となる重点対策について、地方自治体・地域企業・市民など地域の関係者が主体となって、国も積極的に支援しながら、各地の創意工夫を横展開し、脱炭素先行地域を含めて、全国津々浦々で実施する。

③ 3つの基盤的施策と個別分野別の対策・施策

　脱炭素先行地域づくりと重点対策の全国実施を後押しするために、個々の分野を横断する基盤的施策として、地域の実施体制構築と国の積極支援のメカニズム構築、デジタル×グリーンによるライフスタイルイノベーション、社会全体を脱炭素に向けるルールのイノベーションに重点的に取り組む。あわせて、地域と暮らしの脱炭素に関わる個別分野別の対策・促進施策にも着実に取り組む。

　環境省は、これまでも推進してきた地方公共団体実行計画制度の運用や、地方公共団体の計画策定や設備導入等を支援する事業に加え、改正地球温暖化対策推進法に基づく地域脱炭素化促進事業の推進や、国・地方脱炭素実現会議においてとりまとめられた地域脱炭素ロードマップに基づく取組などにより、地域の資源を活用し、地方創生にも資するよう、地方公共団体の脱炭素化に関する取組を一層促進していく。

＜参考文献＞

⑴　環境省、「地方公共団体における2050年二酸化炭素排出実質ゼロ表明の状況」、https://www.env.go.jp/policy/zerocarbon.html

⑵　環境省、「地方公共団体実行計画策定・実施支援サイト」、https://www.env.go.jp/policy/local_keikaku/

⑶　環境省、「地球温暖化対策推進法と地球温暖化対策計画」、https://www.env.go.jp/earth/ondanka/domestic.html

⑷　内閣官房、「国・地方脱炭素実現会議」、https://www.cas.go.jp/jp/seisaku/datsutanso/

第5部

自動車の電動化から SolarEV シティー 構築に向けて

● ● ● ● ● ● ● ● ● ● ● ● ● ● ● ● ● ●

第1章　自動車の電動化
第2章　V2H システムとエネルギーマネジメント
第3章　分散協調メカニズムの活用による都市の脱炭素
　　　　化実現の可能性
第4章　SolarEV シティー構想：新たな都市電力とモビ
　　　　リティーシステムの在り方

第5部

第 1 章

自動車の電動化

京都大学　内藤克彦

　電気自動車（EV）については、日産のリーフが世界に先駆けて世に出ることにより、本格的な普及の時代に入り、これに刺激された欧米や中国の各社が本格的な開発に取り組むことにより、世界は 2030 年頃を境に主力車種が EV に転換しつつある。一方で、我が国においては相変わらず EV に懐疑的な論調が多く、世界の流れから取り残されつつある。EV の蓄電池は、量産規模が大きいことから価格が安く、EV が本格的に普及すると蓄電容量の合計も巨大なものとなる。しかし、欧米では EV から電力系統への放電が制度として認められているが、我が国では禁止されており、我が国の EV 関連システム発展の障害となっている。

Keywords

電気自動車
開発の歴史、現在の状況、今後の普及

1．我が国における EV 開発の歴史

　EV については、我が国では GHQ に航空機の製造を禁止された旧飛行機産業を母体として第二次大戦後のガソリンの入手が困難な時代に東京電気自動車という会社が設立され、何千台かの EV を販売していたという歴史がある。この東京電気自動車は、同じく戦前に航空機を生産していた中島飛行機の一部の人間が創業した富士精密工業と合流して、プリンス自動車工業となる。このプリンス自動車工業は、やがて日産自動車と合併することになる。この東京電気自動車出身の桜井眞一郎が、日産スカイラインを作ることになる。筆者は、1990年頃に EV の将来性について桜井氏のヒアリングを行ったことがある。1990年という年は、米国カリフォルニア州で初めて ZEV 規制（州内の自動車販売について、ゼロエミッション車比率10％以上の義務付け。2000年より施行。カリフォルニア州法（California Code of Regulations）に基づく排ガス規制の一環として定められた「Zero-Emission Vehicle Standards」）が導入された年で、我が国でも俄かに EV への関心が高まったときである。当時、桜井氏から聞いた話は、「①自動車の原動機としては、ガソリンエンジンより、電気モーターの方が、本来適している。ガソリンエンジンは適していないので、クラッチやトランスミッションなどの余計な機械を用いて無理に動かしている。②元々自動車が発明された時は EV であったが、しかし、その後ガソリンエンジンが発明されると航続距離の長いガソリン車に取って代わられた。高性能な蓄電池の開発ができなかったから。」である。このころにソニーエナジーテックというソニーの電池子会社が世界で初めて単三リチウムイオン電池を商品化した。当時、筆者は、桜井氏の話も踏まえて、当時の技術でも結集すれば「使い物になる EV」が作れるのではないかと思い、環境省の予算を確保して、NAV というスポーツカータイプの EV（**図1**）を作成した。このニュースは世界で報道され、米国でもこれに対抗するようにゼネラルモーターズ（GM）がスポーツカータイプの EV 試作車インパクトを発表した。これらの車は、桜井氏の言う通り 0 ～400m 加速などの動力性能はガソリン車を上回るが、航続距離の問題は解決できていない状況であった。そこにソニーのリチウムイオン電池の製品化の情報が流れてきたので、この単三電池を組電池として利用して実用的な電動バイクが作れないものかと、ここでも予算を確保してプロジェクトを起こした。この時は、まだ品質管理に自信のないソニーの協力が得られなかったが、電動バイクとしては完成度の高い原付相当のプロトタイプモデルをあるバイクメーカーが作成した。残念ながらこれは当時、運輸省の電動車両に対する許認可の体制が整っていなかったために陽の目を見ることはなかったが、この時開発された技術が、別会社に転売され、変則的に発展して電動アシ

（写真：筆者保有）
図1　「NAV」1990年環境省作成の EV

スト自転車として現在でも活用されている。この時点で我が国の一部自動車メー
カーは、水面下で EV 開発に本格的な開発資金を投じ、その結果は、1997年のプ
リウス等の販売として結実している。この時も動力性能面では EV 技術は十分に
ビジネス水準まで上がったものの、電池開発ができなかったために各社ともハイ
ブリッドに向かったわけである。日産の桜井氏が言っていたように、元来、EV
にするとガソリンエンジンで必要であった無駄な部品が減り、部品点数が減少す
るので本質的には EV はコストダウンの可能性を秘めている。ところが、ハイブ
リッドは、電気系とガソリン系と二重に装備しているのでむしろ部品点数は増え
てしまう。このような意味ではハイブリッドというのは本質的にはあくまで過渡
的な性格のものということであろう。しかし、ハイブリッドが主力車種になるに
つれて今日ではこのことは忘れ去られてしまったようである。桜井氏の言うよう
な原点に返って考える必要があろう。

　蓄電池の状況に大きな変化をもたらしたものに、2004年に環境省の温暖化対策
技術開発予算の最初のプロジェクトの一つとして採用された NEC ラミリオンエ
ナジーの電池開発がある。NEC の100％子会社であったラミリオンエナジーは、
存亡の危機にあったが、電池開発のコンセプトは、時代を先取りする EV 用の電
池の開発であった。ソニーの家電用リチウムイオン電池が実用化されても自動車
各社が EV 用に採用しなかった理由の一つに、安全性の問題がある。当時のリチ
ウムイオン電池は、コバルトタイプのリチウムイオン電池で、このタイプは金属
リチウムが析出し易く発火し易いという問題点を抱えていたために、安全を重視
する自動車では採用されなかった訳である。また、資源量の観点からも希少資源
のコバルトの利用に疑問を持つ自動車会社が多かった。これを解決したのが、

EV 黎明期 1900年前後	・ガソリン車に先駆け EV 実用化（英国） 　→その後距離課題等で姿を消す ・第 2 次大戦後：約 3300 台普及（日本） 　※東京電気自動車㈱（後に日産に合併）他の製造
第1次EVブーム 1970年代 オイルショック後	・政府主導で EV 技術開発 　→試作・実験レベル
第2次EVブーム 1990年頃 カリフォルニアZEV規制	・動力性能の不足、電池の能力不足 ・周辺技術の不足（残量計、急速充電） 　→ハイブリッドの開発中心へシフト 　※電動動力計、エネルギー回生技術の蓄積
第3次EVブーム 2010年頃 リーフ等	・Mn タイプチウム電池の実用化成功 ・軽・小型自動車を中心とし本格開発の開始 ・商品としての販売
第4次EVブーム 現在	・気候変動・エネ安全保障対策として本格導入 ・自動運転との組み合わせ ・各社で主力モデルに投入

1990年の NAV
環境庁

リーフの電池開発補助
環境省

図 2　EV 開発の歴史

NEC ラミリオンエナジーのマンガンタイプのリチウムイオン電池であった。筆者は、過去の経験から、NEC の単独開発では自動車で使い物になる EV 用電池の開発は無理であると考え、自動車会社との共同開発を条件として補助金をつけることとしたところ、NEC のラミリオンエナジーは、富士重工と共同開発チームを組むことに成功し、プロジェクトがスタートする。数年後に技術開発が成功し、NEC・富士重工で記者発表を行うと、その価値に気づいたのが当時の日産社長であり、NEC ラミリオンエナジーの株を直ちに51％取得して日産の子会社にするとともに、いきなり電池の量産工場の投資を行った。この量産工場の操業開始とほぼ同時に日産リーフの販売を2010年に開始する（**図 2**）。

　この時期に同時に三菱自動車工業のアイミーブも販売されたこともあり、我が国は、EV では世界の先陣を切ることとなった。しかしながら、これらの EV の出現で覚醒したのは欧米の方で、我が国の保守的な業界体質の中で、我が国では、EV の製造・販売は伸びず、逆に世界の自動車業界は、電動化に大きく舵を切っていくことになる。我が国で、リーフが伸びなかった理由の一つとして筆者が考えるものに補助金と価格の設定の問題がある。トヨタがプリウスを販売開始した時には、担当は補助金なしで本格的なモデルとして販売する方針であった。結果的には若干の補助金がつけられることになったが、プリウスは補助金なしでも売れる価格設定となっていたし、プリウスの担当も赤字覚悟で大衆車価格で売り出す方針を貫いていた。恐らくプリウスが黒字転換したのは最初のモデルチェンジ後に本格的に売れ始めたころからであろう。リーフの場合も担当は、補助金

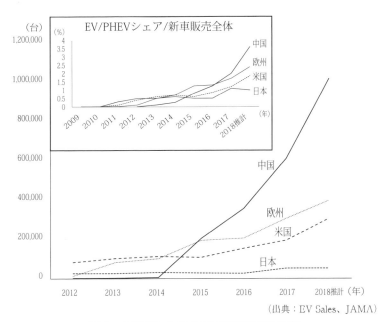

（出典：EV Sales、JAMA）

図 3　主要国における EV 等販売台数推移

なしで売れるプリウス並みの大衆車価格で売り出したいと言っていた。しかし、結果的には補助金がないと売れないアイミーブの価格に合わせるような形となっている。霞が関では高額の補助金予算獲得が官僚の勲章となり、また、大衆車価格では補助金予算が取れないということに引きずられたのではないかと推察されるが、プリウスの場合とは異なり、日産の担当の戦略は崩れることになった。

　一方で、リーフの出現に刺激を受けた各国の自動車メーカーは、主力車種の電動化を計画的に進め、テスラのような新進気鋭のメーカーも登場し、また、各国政府も化石燃料車のフェードアウトの年限を具体的に定め（**表 1**）、EV への転換を強力に進めるようになってきている。テスラはスポーツカータイプの高額のEV、ロードスターから始めて、逆にモデル S、モデル 3 と価格を大衆車価格に下げてきている。

　我が国は、本格的な EV 販売では、先鞭をつけたものの、国・業界全体としては、EV に対して懐疑的な姿勢を続けるうちに、欧米中などの自動車メーカーに完全に追い越された状態となっている。個別の車種では日産リーフがまだ販売台数で上位の方にいるもののトップは米国のテスラモーターの MODEL 3 で年間20 万台以上の売り上げとなっている（**表 2**）。

表 1　EV 普及強化の動き

国名	ガソリン車ディーゼル車販売禁止年	根拠等	州・都市名	ガソリン車ディーゼル車禁　止　年	規制の方式
アイスランド	2030	政府発表	カリフォルニア	2035	ZEV 規制
アイルランド	2030	政府計画	ケベック州	2035	州政府発表
イスラエル	2030	エネルギー省計画	カナダ・BC 州	2040	州政府発表
インド	2030	政府発表	アムステルダム	2030	市内通行禁止
英国	2030	首相発表	コペンハーゲン	2030	市中心部乗り入れ禁止
オランダ	2030	下院議決	ロンドン	2030	市中心部乗り入れ禁止
スウェーデン	2030	環境大臣発言	オックスフォード	2035	市中心部乗り入れ禁止
スペイン	2040	政府発表	ミラノ	2030	市中心部乗り入れ禁止
スロベニア	2030	政府発表	ロサンゼルス	2030	市中心部乗り入れ禁止
中国	2035	政府計画	シアトル	2030	市中心部乗り入れ禁止
ドイツ	2030	連邦上院議決	バンクーバー	2030	市中心部乗り入れ禁止
日本	2030年代半ば	乗用車販売 EV 100 % 化目標、経産省計画	ケープタウン	2030	市中心部乗り入れ禁止
			オークランド	2030	市中心部乗り入れ禁止
ノルウェー	2025	与野党合意	東京都	2030	知事発言
フランス	2040	政府発表			

表 2　2019年の EV のモデル別販売台数

Pl	Global Models	Nov.	2019	%	P.'18
1	Tesla Model 3	25,878	247,011	13	1
2	BAIC EU-Series	6,258	89,162	5	15
3	BYD Yuan/S 2 EV	2,399	66,405	3	17
4	Nissan Leaf	5,571	64,385	3	4
5	SAIC Baojun E-Series	9,809	51,698	3	NE
6	BMW 530e/Le	5,037	46,651	2	12
7	Mitsubishi Outlander PHEV	3,780	46,431	2	10
8	Renault Zoe	3,168	41,901	2	11
9	Hyundai Kona EV	3,417	39,857	2	NE
10	BMW i 3	3,550	37,647	2	18
11	Toyota Prius PHEV	3,301	35,283	2	9
11	Tesla Model X	3,392	33,964	2	5
13	Chery eQ EV	1,861	33,891	2	13
14	BYD Tang PHEV	1,026	33,056	2	16
15	Volkswagen e-Golf	3,393	32,912	2	NE
16	Geely Emgrand EV	2,104	29,949	2	NE
17	BYD e 5	121	28,790	1	8
18	Great Wall Ora R 1 EV	2,001	26,207	1	NE
19	SAIC Roewe Ei 5 EV	750	25,093	1	NE
20	Tesla Model S	2,067	23,866	1	4
	Others	87,664	908,346	59	
	TOTAL	176,547	1,942,505	100	

（出典：EV Sales）

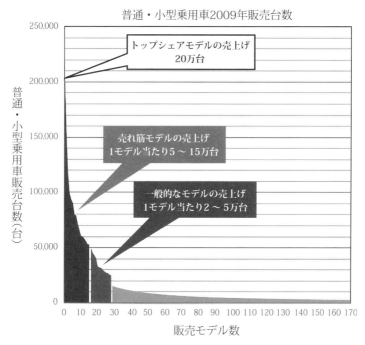

普通・小型乗用車2009年販売台数

図 4　モデル別の販売台数の状況を示す概念図

　年間20万台の販売のモデルというのは、自動車メーカーにとっては、十分に主力車種としての位置づけとなるもので、EV が主力車種となる時代の幕開けを告げるものであろう（**図 4**）。

　テスラは、パソコン用の安価なコバルトタイプのリチウムイオン電池を18,000本組み合わせて使うという今までの自動車業界では考えられないような方法で、大容量のバッテリーを安価に確保するということを行っている。ここでは、バッテリー本体のハード技術で安全確保しようとした我が国に対して、周辺管理技術でバッテリーの安全管理を行うという発想の転換があったわけである。本体ハードしか考えない我が国の盲点と言えよう。

　我が国では、依然として「EV は所詮コミューターカー」にしか使えないという意識が強い。これは、トヨタを始めとした我が国の自動車メーカーが、30年前からそのように考え、そのような「常識」を国内に定着させてきたからである。しかし、日産のリーフやテスラの EV のデザインをみればわかるように、EV で世界をリードする企業は、EV を「売れる車」として販売の主力車種とするべく開発を続けている。販売の主力の量産規模を勝ち取ることで価格は大幅に低下す

価格面など、市場に受け入れられる「魅力」がなければシェアトップグループに入れない

1997年　トヨタプリウス　　2010年　日産 リーフ　　現在　テスラ Model S
（出典：各社ホームページ）

図5　市場に受け入れられる車

ることになる。一方で、「EV は所詮コミューターカー」と考えている日本のメーカーは、相変わらずとても市場の主力とはなれそうもないコミューターカーとしての限定的なモデルを発表しているが、これでは価格の低下は望めない。欧米のメーカーが、テスラの動きや気候変動対応も考慮して一気に方向転換しているなかで、世界の潮流から外れた、この姿勢の差が我が国の自動車メーカーの致命傷になるのではないかと危惧するものである。

　欧州の主要国においては、2030～2050年にかけて自動車のゼロエミッション化を進める計画となっている。今まで世界の先端を走っていた自動車の世界においても我が国は世界の潮流から取り残されつつある。

　近年、世界の流れに逆行して我が国では、再び30年前に唱えられたのと全く同じ内容で EV に懐疑的な主張をする声も聞こえてきている。技術も周辺の状況も今や大きく変化している。いつまでも30年前の頭でいるようでは、日本の自動車産業の未来はない。日産の桜井氏が言っていたように自動車の原点に返って EV の特性を活かし、補助金に頼らない本格的な EV を作ることに我が国も取り組むべき時に来ているのではなかろうか。

2．車格別の EV 適性と EV 蓄電池の総量

　図6は、リーフに積載する畜電池の容量の変化を示したものであるが、他の自動車メーカーも同じような傾向を示している。

　テスラは、当初、大容量のバッテリーを搭載していたが、販売価格の低下とともに同様に70kWh 程度に容量を下げてきている。現在のところ、自動車各社の主力車種に搭載される蓄電池は、ガソリン車と同等の航続距離を確保できる60～70kWh に落ち着きそうである。

　一口に自動車といっても、軽乗用車から長距離大型トラックまで、**図7**に示すように多様な車格の自動車が存在する。これらのうちで、EV 化に適していると

（出典：日産）

図 6　リーフのモデルチェンジと搭載蓄電池容量

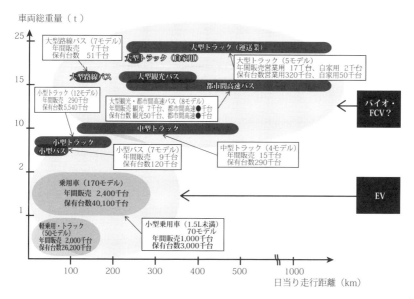

図 7　車格による車種転換の適性

考えられているのは、中型以下の乗用車・バスと小型以下のトラックである。こ
れより大きな車格の自動車は、長距離輸送に用いられることが多く、また、ト
ラックにおいては積載量と蓄電池の重量が競合するために、EV 化は商品性を損
ねることになる。なお、大きな車格の自動車は、欧米においてはバイオ燃料転換
等が中心になるものと考えられている。

表3　2020年1月末自動車保有台数

	貨物	バス	乗用車	合計
普通	0	0	19,875,368	19,875,368
小型	3,497,954	116,356	19,451,882	23,066,192
軽	8,352,670	0	22,844,557	31,197,227
合計	11,850,624	116,356	62,171,807	74,138,787

（出典：国土交通省）

　EV 化に適した車両の総数は、2020年1月末の数字で約7400万台我が国に存在する（**表3**）。これらの車両が、60kWh の蓄電池を搭載すると合計44億 kWh の蓄電量となる。我が国の発電所の総設備容量の約3億 kW と比較してもかなり大きな数字となる。

3．今後の EV の普及

　EV の普及は**図8**のように世界的に急速に進んでいる。2020年の統計では、我が国は、残念ながらベスト10にも顔を出していないという没落状況である。
　今後の見通しについては、IEA（International Energy Agency、国際エネル

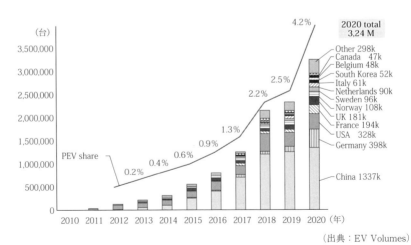

（出典：EV Volumes）

図8　各国の EV 普及台数の推移

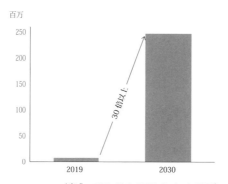

百万

（出典：IEA Global EV Outlook 2020）

図 9　EV の普及予測

ギー機関）の持続可能シナリオでは、2030年には、現在の30倍の 2 億4500万台に世界の EV の台数は増加するとされている（**図 9**）。

4．EV 用蓄電池

　1997年のトヨタのプリウスが販売開始される頃には、蓄電池以外の EV の主要なパーツ、モーターやパワコン等については、自動車部品としての実用化の目途が付けられた。自動車各社は、最初は既存モーターメーカーの製品の利用や共同開発からスタートしても、既存の電機メーカーとは設計思想が全く異なるために、結局、最後は自動車会社自体で設計し自動車各社の電装子会社に作らせるという、内製化に落ち着いている。しかし、蓄電池のような化学製品となると開発は難航し、プリウスが世に出た1997年の時点では、良い蓄電池が開発できなかった。このバッテリーの問題に対する解が見いだせるまで、しばらく EV 開発は、影を潜め、その代わりにハイブリッド車が一気に市場シェアを拡大する時代となる。そこに一石を投じたのが2005年の NEC ラミリオンエナジーによるマンガンタイプのリチウムイオン電池開発である。日産は、このラミリオンエナジーを傘下に買収し、オートモーティブエナジーサプライ社として EV 用電池の世界で初めて量産工場を設立する。これを受けて、世界の自動車各社は再び EV の開発競争に入っていく。電池開発は、オートモーティブエナジーサプライの設立に刺激された、電機メーカー各社が、自動車用を念頭に開発を行い、リン酸鉄系、三元系、チタン酸系等の様々なタイプのリチウムイオン電池の開発が行われている。先行するものと比較すると、いずれのタイプも量産化とコストダウンが大きな壁になっているといってよいであろう。さらに、より理想的な EV 用電池として着

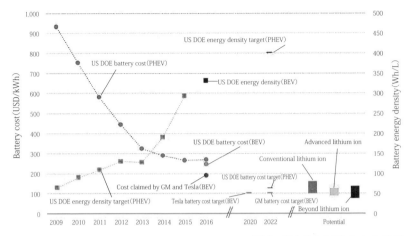

（出典：IEA Global EV Outlook 2017）

図10　EV 電池価格の推移

目されているのが、「全個体電池」である。全個体電池は、安全性やエネルギー
密度の点で、リチウムイオン電池より優れた性能を有しているが、まだ、量産技
術は未開発の段階である。自動車用のリチウムイオン蓄電池は、自動車各社が本
格的に EV 販売に取り組むにつれて、量産体制が次第に確立され、大きくコスト
ダウンしつつある。EV 用のリチウムイオン電池の価格は2020年には kWh あた
り１万円程度となっている。

5．EV 用充電器と系統接続

　EV の充電は、家庭等の本拠地の車庫で毎晩補充するのが基本である。このた
めに、ガソリンスタンドが撤退して給油に数10km 先の遠方のガソリンスタンド
まで行く必要のある山間部においても自宅で燃料補給できる EV は、有力な交通
手段となる。しかし、遠方へのドライブ等を行うときには、途中に充電スタンド
があると心強い。このため、我が国ではリーフが売り出されたころから東京電力
が中心となり自動車各社が参加し、充電インフラ開発と普及を目指した
CHAdeMO 協議会が設立された。ここでは、コネクターや充電方式、通信方式
を CHAdeMO 規格として設定している。その後、充電設備の普及推進がさらに
図られ、2020年10月現在日本では、CHAdeMO 方式（急速）が7,684か所、
100V/200V（普通）が14,486か所、テスラ方式（急速）が182か所存在する。
　しかし、我が国は当初こそ世界に抜きんでた充電設備を誇っていたが、現在

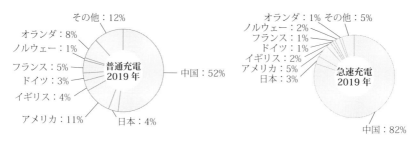

（出典：IEA Global EV Outlook 2020）

図11　各国の EV 充電施設整備状況

は、**図11**に示すように、先進国の中で特に我が国が優位に立っているわけではない。

　EV 蓄電池と電力系統の直接接続は、欧米では制度的に可能となっているが、我が国では依然として認められていない。わが国では、EV と家庭内配線をつなぐときは家庭内配線から系統に逆潮しないような措置を講じる必要があり、実質的に系統連携できていない状況である。わが国の電力系統の管理者は EV 充電器を「家電製品のような負荷」のままに留め置きたいのであろう。このようなことをしていると、ますます、我が国は世界のイノベーションから取り残されることになる。

＜参考文献＞

⑴　California Air Resources Board、「Zero-Emission Vehicle Program|California Air Resources Board」、https：//ww2.arb.ca.gov/our-work/programs /zero-emission-vehicle-program
⑵　IEA、「Global EV Outlook2020」、https：//www.iea.org/reports /global-ev-outlook-2020
⑶　EV Sales、「EV Sales」、http：//ev-sales.blogspot.com
⑷　内藤他12名共著、「2050年戦略の提案」、2 章⑶、6 章、化学工業日報社
⑸　国土交通省、自動車保有車両数統計、https：//www.mlit.go.jp/toukeijouhou/toukei08/sokuhou/car_possession/car_possession08_02_.html

第5部

第2章

V2Hシステムと
エネルギーマネジメント

ニチコン　古矢勝彦

　V2H（Vehicle to Home）システムとエネルギーマネジメントについて述べる。V2Hシステムの開発の経緯とその歴史を概説し、新たなシステムが出現した時の従来の法律、規格で対処できないことを示す。次にV2Hシステムの効果が広範囲に及び、ZEH（Net Zero Energy House、ネット・ゼロ・エネルギー・ハウス）に代表される自宅でのエネルギーのクリーン化とエネルギーの自立可能性や、EV（Electric Vehicle、電気自動車）と連携することにより送電線を使わず電気エネルギーを移送できること、さらに現在実証実験が進むVPP（Virtual Power Plant、仮想発電所）への適用を述べる。最後にV2Hシステムを用いたエネルギーマネジメントについて述べ、カーボンフリーを目指した取り組みにおけるV2Hが果たす役割を示す。

Keywords

V2H

エネルギーマネジメント、VPP、ネットワーク

1．まえがき

　地球温暖化に対する危機意識の高まりにより、自動車の電動化は、世界的に急速に進展している。

　化石燃料に依存する現代文明では、CO_2排出が年々増加し、人類史上初めて400ppmを超える大気中CO_2濃度に達した。その結果、地球温暖化が進行し、気候変動や災害が増加していることが背景にある。

　そうした中、化石燃料から再生可能エネルギーへの転換が欧米を中心に急速に進展し、それに連動する形で自動車の電動化も加速している。

　日本においては、再生可能エネルギーの全発電エネルギーに占める割合が2018年時点で16.9％と未だに20％に達しておらず[1]、また将来の目標値も欧米に比べるとかなり見劣りする値である。

　日本政府もようやく2050年カーボンフリー宣言を出すなど脱炭素に向けた変化の兆しが感じられるが、その具体策は、十分とは言えない。

　その理由として、太陽光発電や風力発電の設置適地が少ない上、発電適地と電力需要地が離れていることによる送電ロスや、送電のための新規投資の必要性が挙げられる。また、太陽光発電や風力発電のように天候に左右される発電変動を吸収する機能を果たす蓄電システムが必要であり、経済合理性が成立しない、なども指摘されている。上記課題を解決する切り札として期待されているのが、Ｖ２Ｈを用いたEVの蓄電池を利用した再生可能エネルギーの有効活用である。

2．Ｖ２Ｈシステムの概要

2.1　Ｖ２Ｈシステムの機能

　Ｖ２Ｈシステムは、EVの蓄電池に家庭の受電電力から充電すること、およびEVの蓄電池から家庭に電力を供給することが、基本的な機能である[2]。

　その機能を図1に示す。

2.2　Ｖ２Ｈシステムの歴史

　Ｖ２Ｈシステムは、家庭の電力系統と車の蓄電池を結びつけるというそれまで世の中になかった商品であり、しかも電力系統や、家庭用電気機器は、経済産業省管轄であるが、自動車は国土交通省の管轄で、それぞれの法制度、省令が複雑に関連していた。またEVへの急速充電規格の認証機関であるCHAdeMo協議会と系統連系の認証機関であるJET（Japan Electrical safety & Environment Technology laboratories、一般財団法人 電気安全環境研究所）の規格を整合す

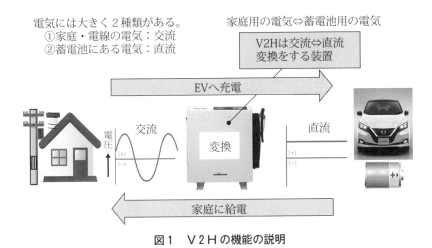

電気には大きく2種類がある。
①家庭・電線の電気：交流
②蓄電池にある電気：直流

家庭用の電気⇔蓄電池用の電気

V2Hは交流⇔直流
変換をする装置

EVへ充電

電圧　交流　変換　直流

家庭に給電

図1　Ｖ2Ｈの機能の説明

る必要があるなど多くの課題があった。2011年に発生した東日本大震災を契機
に、エネルギーの安定供給や、安心安全がクローズアップされ、2012年に日産自
動車がリーフを市場投入し、これに合わせてニチコン株式会社が世界で初めて
Ｖ2Ｈの量産を開始した。当時、前述の規格、規制の整理が未解決であり、当初
のＶ2Ｈは、系統連系ができず、非連系タイプのＶ2Ｈを上市した。すなわち、
家庭に供給する電力は、系統からか、Ｖ2Ｈを介したEVからのどちらかに切り
替えられる方式であった。その後の社会の変化、規格の変遷、Ｖ2Ｈの変遷を**図
2**にまとめて示した。

2.3　世界のＶ2Ｈ紹介

　現在、世界でＶ2Ｈを販売している会社は、13社であり、その内、6社が日系
メーカーである。Ｖ2Ｈは、現在CHAdeMo規格に限定されており、海外メー
カーもＶ2HはすべてCHAdeMo規格で製作している。系統連系タイプは限定
的であり、系統連系の認証を取得しているのは現在1社である。価格は、安いも
のでは50万円を切っているが、高いものは100万円を超えるものもある[3]。EVの
蓄電池に安価な深夜電力を充電して高い昼間の電力使用量を減らすなど、経済効
果も期待できる。さらに再生可能エネルギーとの組み合わせによるクリーンな生
活とまさかの時の安心、安全など多様な活用が実現できる[4]。世界的な潮流とし
て、EVへのシフトが顕著になっており、日本政府も補助金政策を強化するなど
国内においてもEVの増加とＶ2Ｈの普及が急速に進展することが予想される。

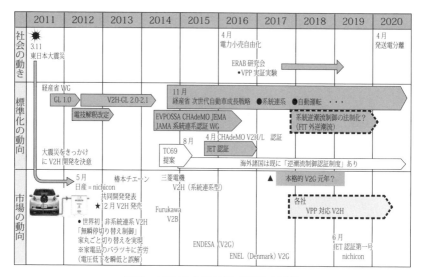

図2　Ｖ２Ｈを取り巻く情勢の経緯

2.4　Ｖ２Ｈシステムの課題

　Ｖ２Ｈの自動車との充放電制御の信号の授受については CHAdeMo により規定されているが、自動車メーカーごとに通信のタイミングや信号など細かい点で差異がある。それら全てに対応するには、現状各自動車メーカーの EV との組み合わせテストが必要であり、これが開発負担を大きくしている。規格の改定を通じて個別仕様をなくし、開発負担を軽減してコストパフォーマンスを高めていくことが望まれる。

３．Ｖ２Ｈシステムの可能性

3.1　ZEH の実現

　ZEH は、住宅におけるエネルギー消費を全て自宅の発電で賄い、化石燃料によるエネルギー使用をゼロにすることを目指している。

　オール電化の家庭が消費する電力と EV が消費する電力をすべて再生可能エネルギーで供給し、CO_2 排出ゼロの生活を目指した具体商品として、ニチコン株式会社が太陽光発電、蓄電、Ｖ２Ｈを一体で制御するシステムとして「トライブリッド蓄電システム®」を商品化している[5]。例えば、家族４人暮らしの断熱効果の高い戸建てのオール電化住宅の場合、**図3**に示すように一年間の総消費エネ

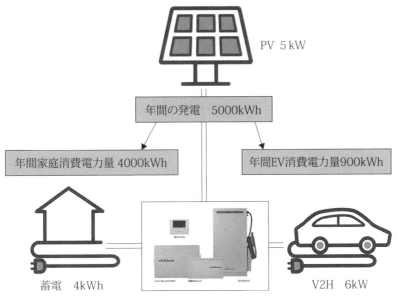

図 3　トライブリッド蓄電システムによる ZEH の例

ルギーは、およそ4,000kWh である。また、自家用車の平均的な年間走行距離は6,000km であるが、EV が消費する電力量は、約900kWh と試算できる。一方、5 kW の太陽光パネルの年間発電量は、日本の場合、多くの場所で概ね5,000kWhであり、前述の家庭と EV が消費する総電力量4,900kWh を計算上満たしており、年間ベースでは ZEH は実現可能である。今後普及に伴い、PV システム、EV、V 2 H の価格もさらに安くなることが予想され、これらのシステムが都市の脱炭素化に果たす役割は大きくなることが予想される。

　ただし、冬場は消費電力量が増加する一方、太陽光発電量は低下するため、太陽光発電だけで消費をすべて賄うことはできなくなるなど季節性のエネルギー需給のアンバランスが課題である。その解決策として再生可能エネルギー比率を高めると共に、給湯などとの組合せなどが提案されている[6]。

3.2　エネルギーの移送

　EV と V 2 H を組み合わせることで、これまで送配電線がなければ送れなかった電気エネルギーを移送することが可能になる。特に配電線がない、農地のハウスへの電気供給や、災害時の停電地域への電力供給などに活用できる。これらの

取り組みは、固定式のＶ２Ｈだけでなく、持ち運びの出来るＶ２Ｌ（Vehicle to Load、車から電気機器に電力供給）がよく利用される。Ｖ２Ｌは、EV に乗せて停電している地域に移動し、そこで電力を供給することができ、イベントの電力供給や災害時の避難所などへの電力供給などに利用されている。災害時の停電対策は、地方自治体との協力協定に基づいて実施され、避難している方々に重宝していただいている。将来的には、EV を電力エネルギー移送の手段として活用することも検討されている[7]。

3.3　VPP に活用

　従来、電力システムは、需要に合わせて供給を行うという形態であった。

　しかし、太陽光発電や風力発電といった再生可能エネルギーの導入が大きく進み、天候など自然の状況に応じて発電量が左右され、供給量を制御することが困難になる中、電力の需給バランスを意識したエネルギーの管理を行うことの重要性が認識されるようになった。

　そうした中、需要家側のエネルギーリソースを電力システムに活用する仕組みの構築が進められ、工場や家庭などが有する分散型のエネルギーリソースは小規模なものだが、IoT（Internet of Things、モノのインターネット）を活用した高度なエネルギーマネジメント技術によりこれらを束ね、遠隔・統合制御することで、電力の需給バランス調整に活用することが可能になる。この仕組みは、あたかも一つの発電所のように機能することから、「仮想発電所：バーチャルパワープラント（VPP）」[8]と呼ばれ、負荷平準化や再生可能エネルギーの供給過剰の吸収、電力不足時の供給などの機能として期待されている。この VPP を構築する要素として EV とＶ２Ｈの組み合わせが適している。EV の蓄電池容量は家庭で使用する電力量の数日分と大きく、Ｖ２Ｈの変換機容量も 6 kW と平均的な家庭での電力消費量より大きいことなどから、EV とＶ２Ｈを組み合わせたシステムを多数台ネットワークで連携して動かすことができれば、変動する電力の需要と供給を高速でバランスさせることが可能になる。

４．Ｖ２Ｈシステムを用いたエネルギーマネージメント

4.1　家庭におけるエネルギーマネジメント

　家庭におけるエネルギーマネジメントは、ZEH の項で述べたように、年間ベースでの計算上は太陽光発電とＶ２ＨとEV を用いることでエネルギーを外部から購入しなくてもよいとの結果が得られる。しかしながら太陽光発電は天候に左右されるので、天気予報から太陽光発電電力を予想し、EV への充電を AI が制御

することで電力購入を最小にするシステムが検討されている。

4.2　事業者におけるエネルギーマネージメント

　企業がクリーンなエネルギーの活用や輸送時の CO_2 排出を削減することを ESG（Environment Social Governance）投資（環境・社会・企業統治に配慮している企業を重視・選別して行なう投資）の観点からも強く求められている。それを実現するため、EV の導入や、EV の蓄電池、EV 再利用蓄電池を利用した再生可能エネルギーの有効活用などが検討されている。ZEH をトライブリッド蓄電システムにより実現するように、ZEB（Net Zero Energy Building、ネット・ゼロ・エネルギー・ビル）を事業者用の太陽光発電と蓄電に複数の V 2 H を組み合わせた複合システムにより実現することが期待されている。企業の場合、事務所のエネルギー需要や、社用車の運用が比較的予想しやすく、ZEB を実現するシステムの構築や、そのエネルギーマネージメントも技術的には、可能であるが、現状では投資回収の観点から経済合理性が十分得られないこともあり、普及には何らかの政策的支援が必要である。

4.3　地域におけるエネルギーマネージメント

　地域の EMS は今後の大きな課題である。例えば戸建ての住宅街において各戸がトライブリッド蓄電システムのような太陽光発電と蓄電、V 2 H と EV を所有することになれば、それらをネットワークでつなぐことで、住宅街全体としてエネルギーの最適化を図り、省エネ、蓄エネ、創エネが実現でき、街全体として再生可能エネルギーで賄うことも夢ではなくなる。住宅街の中では各戸がエネルギーの相互融通をし、街全体としての不足分だけ電力会社から調達し、余剰が出たときは、電力会社に売ることが可能になる。V 2 H と EV が加わることで街としてのエネルギーの自立性が大きく高まり、非常時の電力の安定供給が確保されることも大きなメリットである。

4.4　広域でのエネルギーマネージメント

　首都圏や近畿圏といった広域でのエネルギーマネジメントは、電力会社が担うことが今後も大きく変わらないと予想される。将来的には再生可能エネルギーが増大し、トライブリッド蓄電システムや大型の複合システムに直流で結合される（系統を経由せずに結合することで効率が高まる）V 2 H と EV が多くなると、それらをネットワークでマネージメントする VPP と電力会社が協力することでエネルギーの安定供給と環境保護の両立が実現することも夢ではない。

5．まとめ

　V2Hの概要を説明すると共に、新しい商品であるが故の規格や法整備が追いつかず、普及に時間がかかった経緯を述べたが、ここにきて日本だけでなく世界の企業がV2Hを商品化しはじめている。

　V2Hを利用した再生可能エネルギーの有効活用が、CO_2削減と再生可能エネルギーの普及を加速する可能性に言及した。家庭におけるV2Hを用いたエネルギーマネジメントは経済合理性が成立し始めており、今後は事業者、地域のエネルギーマネジメントにその輪を広げていき、さらに将来的には広域のエネルギーマネジメントを支える機器としてV2Hの重要性が増すと期待している。

＜参考文献＞

⑴　経済産業省　資源エネルギー庁 "エネルギー白書"、69-69（2020年）

⑵　Yutaka Ota、"Implementation of autonomous distributed V2G to electric vehicle and DC charging system" Electric Power Systems Research 120 177-183（2015）

⑶　ニチコン株式会社のV2Hのホームページ
　　https://www.nichicon.co.jp/products/v2h/index.html

⑷　日産自動車株式会社　リーフ、V2Hのホームページ
　　https://www3.nissan.co.jp/vehicles/new/leaf/v2h.html

⑸　ニチコン株式会社のトライブリッドのホームページ
　　https://www.nichicon.co.jp/products/ess/system03.html

⑹　千阪秀幸 "再生可能エネルギーの利用を拡大する車載蓄電池の運用方法)" 自動車技術論文集　Vol51,No,1,January2020

⑺　能登路裕　"太陽光発電を電気自動車へ直接充電するシステムの評価" 化学工学論文集、第42巻、第2号、pp.1-8、（2016）

⑻　経済産業省　ホームページ
　　https://www.enecho.meti.go.jp/category/saving_and_new/advanced_systems/vpp_dr/about.html

第5部

第3章

分散協調メカニズムの活用による都市の脱炭素化実現の可能性

東京大学　田中謙司、東京大学／TRENDE　武田泰弘

　日本のみならず世界中で脱炭素化に対する注目が日々増しており、再生可能エネルギーの普及はもはや必須事項となりつつある。しかしながら、再生可能エネルギーは天候の影響を受けやすく、主力電源化には課題がある。天候の影響を和らげるのに蓄電池は重要な役割を担うが、現状はコストが高く蓄電池の大容量化は容易ではない。そんな中、分散協調メカニズムを用いたアプローチ、特に分散電源から発生した余剰電力をフレキシブルに近隣間で融通する仕組みであるP2P電力取引に注目が集まっている。それを通じて、コストを抑えつつ系統運用に貢献できる蓄電容量の大容量化が期待されている。本章では、分散協調メカニズムが脱炭素化にどういった影響を与えるかについて述べた後、P2P電力取引が具体的にどのように機能するかについて示し、今後都市サービスにどのように融合していくかについて述べる。

Keywords

分散協調メカニズム

P2P電力取引、都市サービス、MaaS

1．脱炭素化に向けた分散協調メカニズムの可能性

　日本の再生可能エネルギー導入目標の引き上げをはじめとして、世界における脱炭素化への動きは今後も加速する状況になっており、再生可能エネルギーの主力電源化に対する期待はますます膨らんでいる。2019年に日本で導入されている再生可能エネルギー内訳は大規模水力を除くと半分以上が太陽光発電によるものである[1]。太陽光発電は限界コストが0のエネルギーと言われており、2009年の余剰買取制度（固定買取制度の前身）の開始以降太陽光発電導入量は2009年の18倍に上る[2]。太陽光発電システムの価格が年々下がっていることから今後もますます導入が進むだろう。しかしながらその発電量は天気によって大きく変化し、晴天時と雨天時における発電量の差は10倍にもなることもある。今後の再生可能エネルギーの普及を促すにはこういった天候によって生じる発電の不安定性を解決する手段が必要である。

　蓄電池は再生可能エネルギーの発電量の変動を吸収し、安定した発電カーブにすることが期待されている。蓄電池を有効に利用することでダックカーブ問題（太陽光発電が行われているタイミングとそうでない夜間で需要カーブが大きく変化してしまう問題）にも対処することが出来る。

　電気自動車（EV）も再生可能エネルギー普及の鍵を握ると言われている。EVは見方を少し変えると、動く蓄電池である。製品評価技術基盤機構による調査結果によると自家用車の平均利用時間は一日あたり80分ほどで、90％以上の時間稼働していないと言われている[3]。そうなると、その駐車時間は蓄電池として利用できるチャンスがあり、その間 EV と EV チャージャーが接続されていれば再生可能エネルギーの吸収にも貢献する事が可能である。

　そうなると、どのようにして蓄電池、EV の充電タイミングのマネジメントを行うかが重要になる。分散協調メカニズムはそのための手法の一つであり、現在注目を浴びている。ここでの分散協調メカニズムとは、様々な需要特性をもつConsumer や、発電設備をもつ Prosumer（Producer と Consumer の2つの特性をもつもの）がお互い電力需給を補い合うことを意味し、EV や各家庭に搭載されたエージェントと呼ばれるソフトウェアが所有者に成り代わって電力制御を行うことを指す。

　もし系統運用者が電力安定化のために必要な蓄電池をすべて自ら導入したとすると莫大なコストがかかってしまう。蓄電池のコストは年々下がっているものの、依然として高価である（参考までに、家庭用蓄電システムの価格水準でいうと2015年から2019年にかけて1kWh あたりの蓄電システムの価格は約36％下落したが、1kWh の価格は14万円と依然として高い水準となっている（2020年の

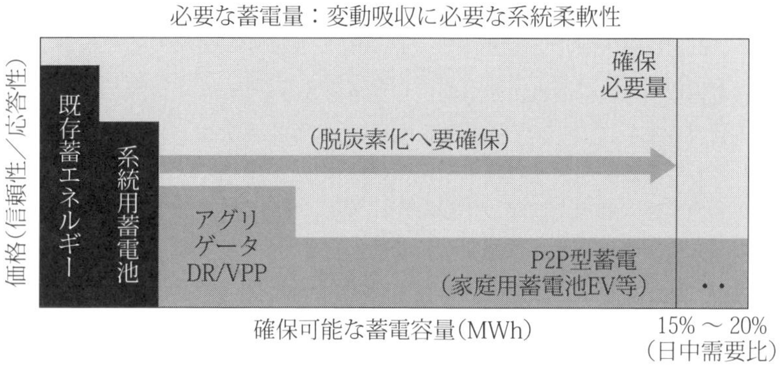

必要な蓄電量：変動吸収に必要な系統柔軟性

DR は Demand Response の略で需要家側エネルギーソースの保有者もしくは第三者がそのエネルギーソースを制御し、電力需要パターンを変化させることを意味する。VPP は Virtual Power Plant の略で仮想的に様々な分散電源を集約し、一つの発電所のように振る舞うことを意味する。

図 1　蓄電池の信頼性と容量についての概念図

目標価格は 9 万円／kWh としている）[(4)]）。

　分散協調メカニズムを利用することで、コストを抑えつつ家庭用蓄電池や充電器に接続された EV を充放電できる "可能性" がある。ここで "可能性" としているのは、EV や蓄電池に空きの容量がある際にそれを他者に提供するため、必ずしも指示通りに動くわけではないためである。ある意味ではシェアリングエコノミーのエネルギー版とも言える。

　図 1 に蓄電池容量と制御の信頼性の関係を表した概要図を示す。既存蓄エネルギーや系統用蓄電池は高い応答性を持ち、アンシラリー向けに利用できる指令対応型蓄電池と言える（アンシラリーとは供給電力の品質維持を意味する）。それに対し、P2P 型等で確保された蓄電池はベストエフォート型の蓄電池と言える。

　パフォーマンスを考えれば中央制御で指令どおりに動く機器が揃っていることが望ましいが、蓄電容量を瞬時的に必要となる容量まで高めてしまうと稼働率が低くなり、コストが高くなってしまう。それに対して、分散協調メカニズムによって確保された蓄電池は、応答性能は低いもののコストを抑えて蓄電池の大容量化が行える可能性がある（普段は持ち主のライフスタイルに合わせて蓄電池が利用され、容量に余裕があるタイミングで分散協調メカニズム参加者にとってプラスになるように充放電を行う）。分散協調メカニズムを用いた電力システムは誤解を恐れず言うと、個別最適を目指しつつ、全体最適にも貢献をするような仕組みである。

　この分散協調メカニズムを用いた例の 1 つに P2P 電力取引がある。

2．P2P 電力取引プラットフォームと協調メカニズム

　P2P 電力取引は、分散電源から発生した余剰電力をフレキシブルに近隣間で融通する仕組みを指す[6]。電力融通のあり／なしで余剰電力がどのように変化するか示したものを図2に示す。一番左の「融通なし」のケースだと自家消費を除いた分がそのまま余剰電力になってしまい、系統に流さざるを得ない状況になっている。中央の「融通あり／蓄電なし」のケースを見ると、昼間取引を行うことで余剰電力を減らす事ができていることがわかる。右の「融通あり／蓄電あり」のケースでは更に余った電力を充電することで余剰電力を減らしていることがわかる。充電した電力は夜間に利用するか、夜間の P2P 電力取引市場に高く売り入札を投げるなどが出来、どうするかは所有者次第である。ポイントとなるのは意思決定の主体は P2P 電力取引の参加者であり、プラットフォーム側ではない点である。参加者は自らのリソースを提供できるときのみ提供し、プラットフォームは経済合理性を担保した形でマッチングを行う。パフォーマンス的には中央制御ですべてが変化するようなシステムには劣るものの、個別最適を目指し動きつつ、結果的には全体的にプラスに働くような効果が期待される。また、取引参加者の個性・特性を反映できる点もこれまでの電力システムにはなかった点だ。ここでの個性・特性の例として「再エネをより多く購入したい」や「とにかく安く電気を買いたい」、「特定地域で発電された電力を使いたい」などが挙げられる。入札情報に個性・特性を反映するようなタグを付加することでライフスタイルに合わせた電力利用を目指すことができる。実際には電気に色を付けるようなことは大変難しく、P2P 電力取引プラットフォームで扱うのはプラットフォーム全体での需給バランスとなる。しかし、約定結果から売り手と買い手が紐付けられるため、仮想的に参加者同士が直接電力取引を行っているかのように扱うことが可

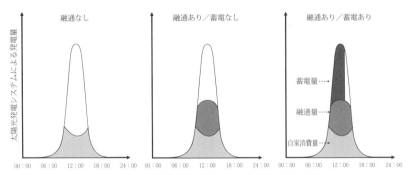

図2　電力融通あり／なしでの余剰電力の変化

能である。

　P2P 電力取引プラットフォームは大まかに事後マッチング型と事前マッチング型に分類される。事後マッチング型は出なり P2P とも呼ばれ、P2P 電力取引市場参加者が計測した順潮量と逆潮量を後から紐付け、P2P 電力取引を行うものである。事前マッチング型は市場参加者の需要量と発電量を事前に予測し、その予測値を用いて P2P 電力取引市場に入札を投げるものである。各参加者は約定結果に従って電力制御を行うことが求められる。事前マッチング型は事前に入札と約定が行われるため、将来の電力利用がどの様になるかがわかる。現行制度（計画値同時同量）では、小売電気事業者が将来の販売電力量を予想し広域機関に通達を行う事になっているが、あくまでこれは過去の利用データに基づく予測である。事前型のマッチング結果は将来行う電力融通の計画であることから、信頼性の高い情報と言え、系統の潮流安定化に貢献できると考えられる。インバーター等を用いれば、予期せぬ余剰電力を系統に流入させないように出来るのも事前マッチング型の特徴である。

　ここではこの事前マッチング型 P2P 電力取引に関する詳細をトヨタ自動車、東京大学そして TRENDE が静岡県東富士にて行った実証実験を例に説明する。

2.1　東富士 P2P 電力取引実証実験

　東富士 P2P 電力取引実証実験は2019年6月17日から2020年8月31日の間、事業所（トヨタの東富士研究所）とその周辺の家庭20軒（トヨタ社員）と9台のPHV で行われた。PHV を保有する9軒の家庭は家に EV 充電器を保有しており、通勤・プライベートの両方で PHV を利用する想定である。実証実験参加者の職場（事業所）にも EV 充電器が設置されており、PHV は家でも職場でもP2P 電力取引（PHV の充放電）が行えるようになっている。東富士 P2P 電力取引実証実験の概要図を**図3**に示す。取引参加者はこれまで述べた家、PHV、事業所に加えて系統から構成される。

　P2P 電力取引市場はブロックチェーン上に構築され、入札や約定結果はそこに記録される。市場は30分毎に開かれ、1日48市場存在する。入札はリアルタイム市場（現時点で開かれている市場）の閉場10分前まで行うことが出来る（10分前としたのは、実際に電力融通を行う時間を確保するためである）。

　電力取引は人に成り代わってエージェントと呼ばれるソフトウェアが自動的に行う。家はホームエージェント、PHV はビークルエージェント、事業所はオフィスエージェント、系統はグリッドエージェントを保有する。

　各エージェントは事前に将来の電力需要と余剰電力量を予測し、売りと買いの入札を投げる。入札には価格と量の他にタグを付与する。タグはどういった電力

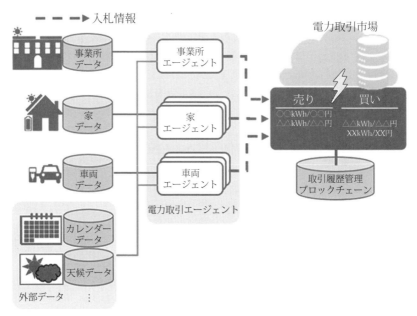

図 3　P2P 電力取引プラットフォーム構成図

（再エネかそうでないか）をどの市場（低圧一般市場や、事業所市場など）で取引するかの情報を扱う。

　各エージェントは約定結果通りに電力融通を行うことに務めるが、実際は約定結果と制御結果にズレが生じることがほとんどである。ズレが発生した場合は調整金という形で事後処理を行う。

2.1.1　実証実験結果

　2020年8月1日〜8月31日における実証実験結果について述べる。参加者の内訳は Consumer が12軒（6軒が PHV 保有）、Prosumer が8軒（3軒が PHV 保有）である（Prosumer は元々は9軒あったが、1軒データが来なくなったため評価からは除外）。

　図4にホームエージェント（Consumer）の各時間帯の市場における購入電力の販売者内訳を示す。太陽光発電が行われる昼間は Prosumer からの購入が大半を占めており、夜間は系統電力（Grid）に加え、ビークルエージェント（Car）からの電力購入が行われている。このことから、再生可能エネルギーが発生しているタイミングではその吸収を行い、そうでないタイミングでは蓄電された電力

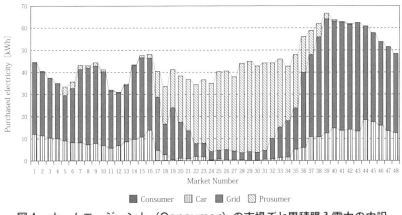

図 4　ホームエージェント（Consumer）の市場ごと累積購入電力の内訳

表 1　実証実験結果[7]

実証実験への参加者全体（20軒＋ 9 台）：8.6％						PHV 単体 （ 9 台）
電力消費者 （12軒＋ 6 台）：6.1％		プロシューマ（ 8 軒＋ 3 台）：18.0％				
PHV なし （ 6 軒）	PHV あり （ 6 軒）	太陽光 パネル （ 2 軒）	太陽光パネ ル＋蓄電池 （ 3 軒）	太陽光パネ ル＋ PHV （ 2 軒）	太陽光パネ ル＋蓄電池 ＋ PHV （ 1 軒）	
🏠	🏠🚗	🏠	🏠	🏠🚗	🏠🚗	🚗
2.1％	9.2％	32.3％	32.0％	8.4％	107.6％	25.4％

が利用されていることがうかがえる。

　P2P 電力取引市場における全体の収支を**表 1** に示す。一般の電力会社のみから電気を購入する場合と比較して、8.6％の経済性改善が見られた（購入側で言うと支出が減り、販売側で言うと収入が増える）。参加者タイプごとでいうと、Consumer は6.1％、Prosumer は18％となった。また、PHV 単体で見ると収支は25.4％改善された。さらに、PHV においては利用者側には制約がない条件で走行利用時電力の43％が太陽光発電によるもので CO_2 排出量を38％削減することができた。これらのことから、再生可能エネルギーの効率的な利用を促しつつ、電力料金の削減にも有効であることが確認された。

3．都市サービスへの融合

　都市サービスはネットを通じて相互的関係を持つようになりつつある。言い方を変えると、一つのサービスで完結というわけではなく、複数のサービスを通じ、ユーザーを中心として必要なサービスを連携させた一つのユーザエクスペリエンス（UX）を提供する。つまり、将来的に広く受け入れられるサービスは、ユーザー視点を中心として分野横断的に構成する、さらにはデジタルに完結しないハード活用も含めたものになる。

　都市のデジタル化が進んでいくなか、都市のハードインフラも含めたサービスがどの分野が起点になるのかという点で、電力は有望な分野といえる。国内のほぼすべての人をカバーしていることや、さらにはインフラ・機器も電力利用していることから、電力データを起点とした広がりはその普及範囲の点、扱いやすさの点からも期待が大きい。実際、グリッドデータバンクラボの試みのように、昼間人口と夜間人口の補完や災害時の避難誘導、不在配達回避など電力データの他分野への利活用は検討が進んでいる。

　さらには電力サービスのプラットフォームを他分野で利用することも十分考えられる。例えば、Mobility as a Service（MaaS）だ。P2P の電力需給マッチングのプラットフォームをつかって EV は空き時間に充電を予約できるが、この需要と供給側のリソースマッチングを、空いている時間にオンデマンドバスの乗降予約や荷物輸送予約を行えば、移動したい人をタイミングよく迎えに来るといった MaaS としても利用できる。このように、モビリティとしての自動車機能に加えて EV は動く蓄電池であり、様々な場所で充放電が行える。更に自動運転技術が普及すれば、より細かな配送ルート構築が行えるようになり、ラストワンマイル問題の解決にもつながる（**図5**参照）。また、貨客混載（荷物と人を同時に運ぶ）が一般的になれば、人を運ぶルートとモノを運ぶルートの和集合が移動範囲となり、細かな移動を安価に行える可能性が高まる（人を乗せるついでに荷物を運ぶということが出来れば、かかるコストは折半できる）。

　さて、電力情報は見方を少し変えると、人の行動を体現するようなものである。時系列的に電力データを分析すると、起床・就寝時間、在宅か不在か、健康状態は良好かなども把握できる。また、ディスアグリゲーション技術を用いれば電力データからどういった家電が利用されていたかを把握することも可能である。これらの情報を利用すれば、例えば荷物の不在配達を減らすための配送計画立案や、フレイル検知・遠隔介護にも応用が出来る。

　前節で述べたマッチング型 P2P 電力取引プラットフォームの取引エージェントが扱うデータはこれまで述べたような、人の行動を体現するようなデータ（将

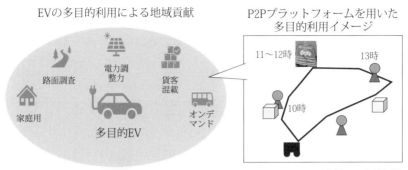

図5　EV の多目的利用のイメージ

来どのように電力をしようするか）を予測して電力取引を行う。よって自ずと都市サービスや MaaS と連携が取れるようなデータが集まることになる。複数の目的でデータ利用が行えれば、データ取得のための仕組みにかかるコストを按分することができ、長期的目線によるコスト回収が可能となる。

　しかしながら、こういったデータの管理について不安を感じる人もいるだろう。現在主に利用されているブロックチェーンはトラストレスなシステムと言われる一方、誰もが書き込まれた情報にアクセス出来るためプライバシー保護の問題が懸念される[8]。この点に関しては、メリット・デメリットを評価しながら公開情報と秘匿情報を明確に区別し、データ集約を柔軟に行えるシステム設計が重要となる。公開してもいい情報だが慣習的に秘匿化してしまうといったことがあるとシステムの利便性が下がってしまうことも考えられる。データの扱いに関して丁寧に議論を行い、扱いを決めていく必要があるだろう。

　これまで述べたような都市サービスのデジタル化が進めば、一極集中していた都市機能が分散していくことが予想される。そうすると地域特性に合わせた都市サービス展開が重要になるが、P2P 電力取引のように中央からの指令に応じて動作する仕組みではなく、分散協調メカニズムに基づいて動作するものであればその地域に参加者に応じて動作が変化するため、柔軟に地域特性に対応することが可能である。

＜参考文献＞

⑴　経済産業省 資源エネルギー庁、「2020日本が抱えているエネルギー問題（前篇）」、https://www.enecho.meti.go.jp/about/special/johoteikyo/energyissue2020_1.html、（accessed 2021-04-15）

⑵　経済産業省 資源エネルギー庁、「エネルギー白書2020」、https://www.enecho.meti.go.jp/about/whitepaper/2020html/2-1-3.html、(accessed 2021-04-15)

⑶　独立行政法人 製品評価技術基盤機構、「自動車の運転時間」、https://www.nite.go.jp/chem/risk/exp_4_1.pdf、(accessed 2021-04-15)

⑷　経済産業省、「蓄電システムをめぐる現状認識」、https://www.meti.go.jp/shingikai/energy_environment/storage_system/pdf/001_05_00.pdf、(accessed 2021-04-15)

⑸　経済産業省、「VPP・DR とは」、https://www.enecho.meti.go.jp/category/saving_and_new/advanced_systems/vpp_dr/about.html (accessed 2021-06-16)

⑹　武田泰弘、"P2P 電力取引エージェントの入札モデルの提案"、電気学会論文誌 D、Vol.140、10号、pp.738-745 (2020)

⑺　東京大学田中研究室、「P2P 電力取引システムの共同実証実験で有効性を確認」、http://www.ioe.t.u-tokyo.ac.jp/wp-content/uploads/2020/11/P2P％E5％AE％9F％E8％A8％BC％E7％B5％82％E4％BA％86％E3％83％AA％E3％83％AA％E3％83％BC％E3％82％B9_UT.pdf、(accessed 2021-04-15)

⑻　John V. Monaco "Identifying Bitcoin users by transaction behavior", Proc. SPIE 9457, Biometric and Surveillance Technology for Human and Activity Identification XII, 945704 (2015)

第5部

第 4 章

SolarEV シティー構想：
新たな都市電力と
モビリティーシステムの在り方

国立環境研究所　小端拓郎

　2050 年ネットゼロ CO_2 排出社会に向けて日本もようやく動き始めたが、島国日本ならではの課題とチャンスが存在する。SolarEV City 構想[1]は、屋根上太陽光発電（Photovoltaics）と電気自動車（Electric Vehicle）を蓄電池として用いることで経済性の高い都市の脱炭素化を実現するものである。また、PV と EV を組み合わせた分散型電源として災害時にも電力供給が可能となる。我々の試算によると、都市の屋根面積の 70% を使用することで地方都市（岡山市など）の場合、EV を含む年間消費電力の 2 倍近く発電することが可能で、電力需給の同時同量を考慮しても 95% 程度の電力を供給できる。国土の狭い日本にとって屋根上 PV を活用した SolarEV City 構想は「2050 年実質ゼロ排出」実現に欠かせない。

Keywords

SolarEV シティー

太陽光発電、電気自動車、都市、脱炭素化

1．はじめに

　2020年10月、日本政府は2050年までに温室効果ガス排出実質ゼロを目指すと発表した。この実現には、経済効率の高い手法を開発することで脱炭素化を加速させることが求められる。本章では、近年大きな変革期にある自動車業界とエネルギー業界が協力（セクターカップリング）することで、経済効率の高い都市の脱炭素化が可能になることを示す[2]~[4]。都市の脱炭素化においては、現在、ガスや灯油を使用する暖房、給湯、調理等を電化することが経済性の高い方法であると言われているが、自動車も同様で、ガソリン車から電気自動車（EV）へのシフトが有効である。しかし、発電が石炭や天然ガスなど化石燃料を使って行われれば、その脱炭素化効果も減少してしまう。そこで、屋根上太陽光発電（PV）とEVの充電を組み合わせることで、CO_2排出がゼロの電気でEVを充電できる。またその建物でVehicle-to-Home（V2H）やVehicle-to-Building（V2B）のシステム（前章を参考）を使ってEVをPVの蓄電池として使うことで、PVからの電気をEVの駆動のみならず建物内の電気製品にも使用することができ、大幅なCO_2排出の削減に繋がる。また、一度蓄電池に蓄えられた電気は、必要な時に使える（dispatchable）電気として大きな価値を持つ。

　今後、PVとEVの価格が大幅に下がることが予想されるため[5]~[6]（**図1**、**2**）、PVとEVを組み合わせたシステムは新しいモビリティー・電力システムの基盤となる可能性を秘めている。つまり、自然への侵略性が低く送電ロスの少ない屋

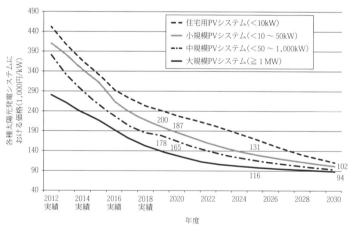

（出典：株式会社資源総合システム「日本市場における2030/
2050年に向けた太陽光発電導入量予測」（2020年9月発刊）[5]）

図1　太陽光発電システムコストのコスト推移と予測

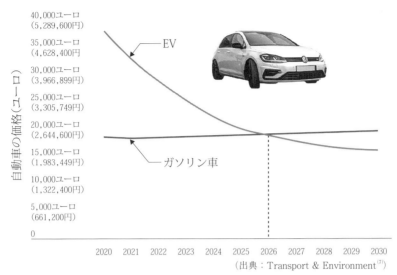

図 2　EV は、ガソリン車より安くなる（EU での見積り）

（出典：Transport & Environment[7]）

根上 PV を物理的に可能な屋根スペースに最大限敷設し、自動車の稼働率が低い日本の都市部で（家から離れている時間が日平均30分程度）EV を PV の蓄電池として活用することで持続可能な都市を構築できる可能性がある。

　そこで、この PV と EV のシステムを都市レベルで活用した際の脱炭素化ポテンシャル、およびそれを実現するための課題を整理した。分析を行った都市は、新潟市、岡山市、郡山市、仙台市、広島市、京都市、札幌市、川崎市、東京都区部である（**図 3**）。

2．考え方

　分析を行った 9 つの都市は、東京都区部の様に人口密度が高く公共交通が発達し、多くの高層ビルで形作られた都市から、郡山市の様に比較的低層ビルの多い地方都市が含まれている。これらのスケールが大きく異なる都市を比較するために、一人当たり屋根面積、一人当たり自動車数等を用いて比較を行った。一人当たり屋根面積と一人当たり自動車数は、強い比例関係にある（**図 4**）。これらの都市の年平均一人当たり CO_2 排出量は、7.3±4.8トンであり、産業部門の排出が多い都市ではこの一人当たり CO_2 排出が大きくなる傾向がある。

　本章では、再エネ（PV のみ、PV ＋ EV）プロジェクトの可能性を評価するために、技術経済性分析という手法を用いた（Kobashi et al., 2021）。技術経済性

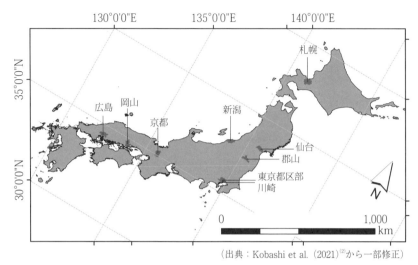

（出典：Kobashi et al.（2021）[2]から一部修正）

図3　分析を行った9つの都市

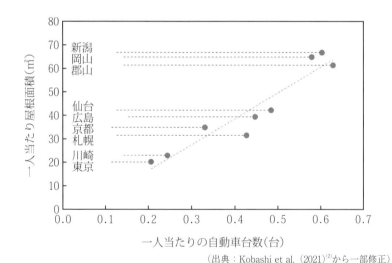

（出典：Kobashi et al.（2021）[2]から一部修正）

図4　一人当たり屋根面積と一人当たり個人乗用車台数の関係。自動車は、個人乗用車（軽含む）

分析を用いることで、再エネの変動性、日射変動、気温変動、技術のコスト、整備費、劣化などを考慮したうえで、既存のエネルギーシステム（系統の電気とガソリン車）との比較で再エネプロジェクトを評価することができる。計算には、

プロジェクト期間25年、割引率 3 ％（将来の価値を現在の価値へ換算する際に用いる年率）を用いた。

　都市の分析を行うにあたって、すべての建物の屋根面積の最大70％を PV（20％変換効率の PV パネル）敷設に用いることを想定した。将来 PV モジュールの変換効率は、改善することが予想されるため、この分析で示した PV の発電量を得るための屋根面積は、将来、さらに少なくてすむ。技術経済性分析の中で、実際の PV 容量は経済性が最も高くなる PV 容量を計算している。分析は、2018年と2030年で行い、PV および EV のコストが変化する以外は両年とも同じ条件で計算している。

　EV は、40kWh のバッテリーが搭載されていることを想定し、その半分を PV の蓄電池として使うことを想定した。また、自動車のオーナーが買い替え時に EV に乗り換えることを想定し、EV のガソリン車に対する追加的コスト（価格差）を EV のコストとして見積もった。EV の台数は、すべての個人所有の乗用車が EV となったことを想定した。

　分析は、3 つのシナリオに基づいて計算した。一つは、2018年に PV のみを設置したケース。2 つ目は、2030年に PV のみを設置したケース。3 つ目は、2030年に PV ＋ EV を設置したケースである（図 5、図 6）。また、余剰電力の固定価格買取（9 円/kWh）の有り（図 5）か、無し（図 6）でも分析を行った。

3 ．SolarEV シティーの効果

　分析結果を、6 つの指標で評価した。1 番目の指標は、経済性が最も高くなる屋根上 PV の容量（最大値は70％の屋根上面積）である（図 5 F、図 6 F）。2 番目の指標は、CO_2 排出削減率で、既成のエネルギーシステムと比較した削減率である（図 5 E、図 6 E）。3 番目の指標は、エネルギー経費節約率で、既成のエネルギーシステムからのコスト削減率である（図 5 D、図 6 D）。4 番目の指標は、エネルギー充足率で、屋根上 PV の年間発電量と、都市の年間消費電力量と比較した率である（図 5 A、図 6 A）。5 番目は、自己充足率で、電力の同時同量を考慮しつつ、屋根上 PV の発電（と EV）でどの程度都市の電力を賄えるか示した率である（図 5 B、図 6 B）。6 番目は、自家消費率で、屋根上 PV で発電された電気が、どの程度都市の中で消費されたか示した率である（図 5 C、図 6 C）。

　PV の最適容量の変化を見ると、2018年はまだ PV のコストが高いため、最適 PV 容量は小さい（図 5 F、図 6 F）。どの都市でも一人当たり容量が、余剰電力買取のあるなしに関わらず 1 ～ 2 kW 程度にとどまる（図 5 F、図 6 F）。しか

し、2030年になると、PV のコストの下落に伴い余剰電力の固定価格買取（9円/kWh）がある場合（**図5F**）、屋根面積を最大使用する PV 容量まで増加する。買取がない場合でも（**図6F**）、2018年に比べて「PV のみ」は1kW 程度増加する。「PV＋EV」システムの場合、買取ありで「PV のみ」と同様、ほぼ最大値に増大し、買取がない場合でも（**図6F**）蓄電池により余剰電気を自家消費に使うことが可能となることで経済性が改善し、PV 容量も「PV のみ」より増加する。一人当たり屋根面積、一人当たり自動車数が多い地方都市の方が、PV 容量の増加率が大きくなり、最大一人あたり5kW を超える（**図6F**）。

　エネルギー充足率を見ると、2018年にはどの都市も30〜40％程度であるが、2030年には、PV のみ、PV＋EV ともに、買取ありで50〜200％近く（**図5A**）、買取なしでも PV のみで40％前後、PV＋EV で60〜100％近くとなる（**図6A**）。自己充足率では、固定価格買取ありの場合、2018年に PV のみで、20〜30％、2030年には、PV のみで40％前後まで上昇する（**図5B**）。PV＋EV では、50〜90％となる（**図5B**）。買取なしでは、2018年 PV のみで20〜30％、2030年に30〜40％となる（**図6B**）。PV＋EV は、50〜80％である（**図6B**）。自家消費は、2018年買取ありで、PV 容量が少ないことを反映して、80〜100％近く自家消費が可能である（**図5C**）。2030年に PV 容量が増加すると、PV のみでは20〜60％しか自家消費できないが、PV＋EV では、50〜100％の自家消費が可能となる（**図5C**）。買取なしの場合、2030年においても PV 容量が少ないため80％以上自家消費が可能で、PV＋EV では、2030年 PV のみより10ポイント程度改善する（**図6C**）。

　コスト節約率をみると、買取ありの場合、2018年 PV のみですでに、5％前後の節約となる（**図5D**）。これは、2018年の時点で PV システムはグリッドパリティーに到達していたことを意味する。2030年には、PV のみで20％程度の節約、PV＋EV では、25〜45％の節約となる（**図5D**）。買取なしで、PV のみの場合2018年5％前後の節約で、2030年には5ポイント程度さらに大きな節約となる（**図5D**）。PV＋EV の場合、25〜40％程度の節約となる（**図5D**）。最後に、CO_2排出削減率は、買取ありの2018年に、PV のみで20〜30％の削減となり、2030年には40％前後の削減となる（**図5D**）。2030年に PV＋EV は、50〜100％近くの削減となる（**図5D**）。買取なしの場合、2018年 PV のみで20〜30％の削減となり、2030年で30％前後の削減となる（**図6D**）。PV＋EV では、50〜90％の排出削減が可能となる（**図6D**）。

　分析結果から、PV＋EV システムは、屋根面積の70％を活用することで、都市の消費電力（EV 駆動用含む）のかなりの部分（53〜95％）を賄うことができることがわかった。これは、電気とガソリン消費にともなう CO_2 排出の54〜

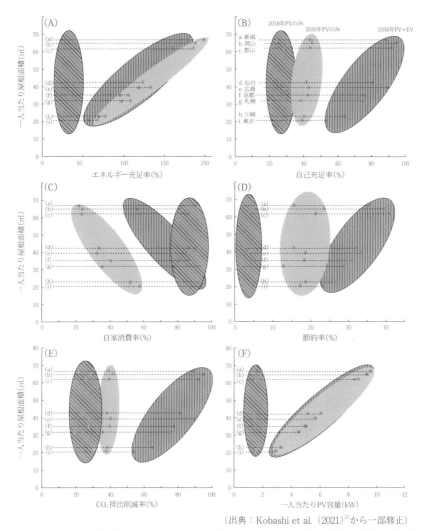

（出典：Kobashi et al.（2021）[2]から一部修正）

図 5　都市における PV のみと PV ＋ EV によるエネルギー指標と脱炭素化ポテンシャル。固定価格買取（ 9 円/kWh）がある場合の分析結果

95％の削減となる。東京都区部や産業都市の川崎以外では、年間消費電力の100％〜200％の電力を屋根上 PV で発電することができ、EV と組み合わせることで、すべての指標において大幅に改善する。エネルギーコストにおいても、26〜41％削減（固定価格買取ありの場合）に繋がる可能性がある。地方都市では、消費電力より多くの電気を発電できるため、余剰電力を給湯、暖房など（電化）

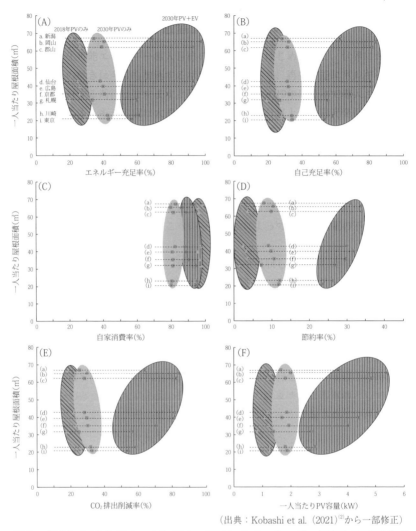

（出典：Kobashi et al.（2021）[2]から一部修正）

図 6　都市における PV のみと PV ＋ EV によるエネルギー指標と脱炭素化ポテンシャル。固定価格買取なし場合の分析結果

で用いることや、東京などの大消費地に送るなどして追加の収入とすることができる。

４．どのように実現するのか？

　日本の都市の脱炭素化に向けて、もっとも大切なのは「いかに屋根上 PV を物理的に最大の面積まで普及させるかである」と言っても過言ではない。しかし、屋根上 PV の普及には様々な課題があることも事実である。今後、PV の価格が落ち、効率が上がり、モジュールの重さが軽くなり、デザインも改善するにつれて、現在、不可能と思われていた場所（景観、部分日陰、太陽光を必要としない屋上の障害物、古い木造など）にも敷設が可能となる。しかし、他の章でも述べられた社会的、経済的、技術的課題も解決していかなければならない。例えば、屋根上 PV の最適容量が建物の自家消費の経済性によって決定されるビジネスモデルでは、屋根上を最大限 PV に利用することには繋がらない。つまり、今後、エネルギーシェアリング等の新技術、ビジネスモデルの開発、規制、市民の意思によってこれを実現していかなければならない。全建物の屋根面積の70％以上にPV 敷設を目指すことは、自治体にとって良い目標となりうる。

　現在、日本では EV の台数が極めて少ないため、PV＋EV システムを構築することが難しい状況である。しかし、日本政府も2035年には軽を含むすべての新車販売を電動車（ハイブリッド車含む）とすることを発表した。また、東京都は、全国より 5 年早い2030年までに新車販売の100％を非ガソリン車とすることを発表した。そして、大阪府は、2030年までに軽自動車以外の新車販売を100％電動化すると発表している。つまり、EV の台数は今後急速に伸びることが予想され、PV と EV を統合するシステム（V2H や V2B）の普及も同時に促進していく必要がある。

　まずは、デジタル化やスマートシティーの構築と共に、実証試験を通じた新たなビジネスモデルの構築が必要である。SolarEV シティ構想は環境省が推進する地域循環共生圏とも整合性のあるコンセプトであり、地域自治体とコミュニティーの活動として EV 普及や分散型電源を構築するための環境省や経産省の補助金事業（https://rcespa.jp/、https://sii.or.jp/）を活用することも可能である。

５．おわりに

　本研究は、PV と EV を統合した都市の新しいモビリティー・パワーシステムを構築することで、費用対効果の高い都市の脱炭素化が可能となることを示した。日本は世界を代表する自動車メーカーと電機メーカーを有し、SolarEV シティの構築に向けて、まれな好条件がそろっている。これらの企業が協力することで、他の発電手法（例えば、原子力等）と比べ安全でレジリアンスの高い電力

システムを構築し、日本の脱炭素化のみならず、世界の都市の脱炭素化、特に、太陽光資源の豊富な低緯度地帯の新興国の都市の脱炭素化に貢献することが期待される。

＜参考文献＞

⑴　国立環境研究所、「屋根上太陽光発電（PV）と電気自動車（EV）を用いた新たな都市の電力・モビリティーシステムの可能性：SolarEV シティーコンセプト」、http://www.nies.go.jp/whatsnew/20210114/20210114.html,（accessed 2021-06-20）

⑵　Kobashi, T., P. Jittrapirom, T. Yoshida, Y. Hirano, and Y. Yamagata, "SolarEV City concept: Building the next urban power and mobility systems", Environmental Research Letters, Vol.16, 2, 024042（2021）

⑶　Kobashi, T., T. Yoshida, Y. Yamagata, K. Naito, S. Pfenninger, K. Say, Y. Takeda, A. Ahl, M. Yarime, and K. Hara, "On the potential of "Photovoltaics＋Electric vehicles" for deep decarbonization of Kyoto's power systems: Techno-economic-social considerations", Applied Energy, Vol. 275, 115419（2020）

⑷　Kobashi, T., K. Say, J. Wang, M. Yarime, D. Wang, T. Yoshida, and Y. Yamagata, Techno-economic assessment of photovoltaics plus electric vehicles towards household-sector decarbonization in Kyoto and Shenzhen by the year 2030, Vol. 253, 119933（2020）

⑸　株式会社資源総合システム「日本市場における2030/2050年に向けた太陽光発電導入量予測」（2020年 9 月発刊）、https://www.rts-pv.com/news/202009_7849/ https://www.rts-pv.com/wp-content/uploads/2020/09/2009_sample_2030_2050_JP_PV_forecast.pdf（accessed 2021-06-22）

⑹　BNEF, Transport & Environment,「Hitting the EV inflection point」, https://www.transportenvironment.org/sites/te/files/publications/2021_05_05_Electric_vehicle_price_parity_and_adoption_in_Europe_Final.pdf,（accessed 2021-06-20）

⑺　Transport & Environment,［Break-up with combustion engines: How going 100% electric for new cars & vans by 2035 is feasible in all EU countries］, https://www.transportenvironment.org/sites/te/files/publications/2021_05_Briefing_BNEF_phase_out.pdf,（accessed 2021-06-20）

【あ】

営農型太陽光発電 ········ 77-80, 82, 84, 86, 87
エネルギー正義 ············· 141, 145, 148, 149
エネルギー貧困 ········· 139-141, 143-146, 149
エネルギーマネジメント ·········· 233, 238-240
温泉バイナリー発電 ················ 118, 119, 121

【か】

改正地球温暖化対策推進法
··················· 209, 210, 212, 214, 216
仮想将来世代 ············· 177, 179, 180, 182-185
家庭CO₂統計 ···················· 16-18, 20-23, 25
気候正義 ····················· 139-141, 146-149
気候変動対策 ······ 151-153, 158, 159, 161, 162
技術経済性分析 ······················ 253, 255
基本的ニーズ ············· 139, 142, 143, 146-149
行政計画 ···················· 163-165, 168-172
協調メカニズム ···················· 241-244, 249
京都市 ····················· 163, 165, 168, 170,
171, 173, 189-198
グリーンインフラ ················ 93, 96, 97, 99
景観 ································· 131, 132
携帯端末位置情報 ······················ 66-68
系統接続 ································ 230
合意形成 ········· 177, 178, 180, 181, 186
固定価格買取制度 ················· 113, 117, 120

【さ】

財産権 ································· 132
菜食化 ····················· 42, 44-46, 48
再生可能エネルギー ···················· 234-240
資源ネクサス ················· 163-165, 167-172

持続可能な食 ··················· 41, 46-50
市民・地域共同発電所 ············· 151, 153-156
十分主義 ····················· 139, 142, 146
受光利益 ····················· 130, 131, 136
省エネ教育 ····························· 24, 25
将来可能性 ····················· 179-181, 186
条例改正 ····················· 189, 190, 193
食行動 ····················· 41-43, 46-49, 51
食システム ··············· 41-43, 46, 49, 51
セクターカップリング ···················· 108
生物多様性 ····················· 76, 82, 96
節約 ································ 255, 256
ゼロカーボンシティ ············· 209-211, 215
ソーラーシェアリング ················· 77, 87, 88

【た】

太陽光発電（PV）····················· 252, 260
託送料金 ····························· 133-135
脱炭素 ································· 75, 76
脱炭素教育 ····················· 151, 156, 157
地域新電力 ····················· 151, 159-161
地域脱炭素ロードマップ ··········· 209, 215, 216
蓄電池 ····················· 220, 221, 226-231
地熱貯留層 ············· 114, 115, 119, 120
地熱発電 ····························· 113-121
地方公共団体実行計画 ········ 209-211, 213-216
地方自治体 ············· 163, 164, 168, 169
電気自動車 ····························· 219, 220
電気自動車（EV）···················· 252, 260
都市サービス ················· 241, 248, 249
都市システムデザイン ············· 65, 66, 70, 71
都市地域炭素マッピング ···················· 65-69
都市のメタボリズム ···················· 91, 92

【な】

二酸化炭素排出量 ································· 65

【は】

バイオエネルギー ················· 91-94，97
廃棄物系バイオマス ··············· 91，92
パワーシフト ····················· 158，159
ビッグデータ ················· 65-67，71
普及予測 ···························· 229
フューチャー・デザイン
　··················· 177，179-183，185-187
フューチャー・デザインチーム ·189，194，195
ブロックチェーン ··············· 245，249
変動性再生可能エネルギー ················ 108
ホームエネルギーレポート ················ 24，25

【や】

屋根置き太陽光 ··············· 126，133，134
洋上風力 ··············· 102，103，105-109

【ら】

陸上風力 ··················· 103，106，107

【数字】

2050年ゼロ ····················· 191-197

【A】

agrivoltaics ··············· 77，79，84，87
Agrivoltaics ························· 87，88
AgriVoltaics ························· 87

【C】

CfD ····························· 105，106

【P】

P 2 P 電力取引 ··············· 241，243-250

【V】

V 2 H ··························· 233-240
VPP ····················· 233，238，239

【Z】

ZEH ··············· 19-21，233，236-239

執筆者紹介

第1部　第1章

鶴崎　敬大
株式会社住環境計画研究所

取締役研究所長

　　家庭用エネルギー需要に関する調査、省エネルギー機器・太陽エネルギー利用機器の性能評価、行動変容方策の評価などに従事。総合資源エネルギー調査会臨時委員など。博士（工学）。

第1部　第2章

平野　勇二郎
国立研究開発法人　国立環境研究所

社会システム領域

主幹研究員

　　脱炭素社会の実現に向けて、都市熱環境や都市エネルギーシステムなどに関する研究を幅広く行ってきた。現在は、環境に配慮した復興まちづくりの研究に従事。博士（工学）。

井原　智彦
東京大学

大学院新領域創成科学研究科　環境システム学専攻

准教授

　　ライフサイクル思考に基づき、地域や個人レベルの対策の設計研究に従事している。特に、都市気候影響、消費者行動や地域エネルギーに焦点を当てている。博士（工学）。

第1部　第3章

木村　宰
一般財団法人　電力中央研究所

社会経済研究所

上席研究員

　　温暖化防止に向けた省エネルギー政策やイノベーション政策等に関する調査研究に従事。東京大学大学院工学系研究科先端学際工学専攻修了、博士（学術）。

第1部　第4章

栗山　昭久
公益財団法人　地球環境戦略研究機関（IGES）

戦略的定量分析センター

研究員

　　2011年より、IGES 研究員として東南アジア諸国のエネルギー部門における CO_2 削減プロジェクト形成支援や国際的な市場メカニズムの定量的評価・制度構築支援を行ってきた。日本国内おいては、脱炭素化社会に向けたエネルギー分野の研究（中長期シナリオに基づく政策評価、炭素中立社会に向けたエネルギー収支分析、再生可能エネルギー拡大に向けた電力システムシミュレーション、雇用問題の分析等）に取り組んでいる。工学博士。

劉　憲兵
公益財団法人　地球環境戦略研究機関（IGES）

気候変動とエネルギー領域

リサーチリーダー

　　2004年来日、2007年岡山大学博士取得後、IGES に入所。IGES 関西研究センター研究員・主任研究員・上席研究員を歴任、2017年より現職。中国・日本を含む東アジアにおける脱炭素政策の在り方を研究している。

第1部　第5章

山形　与志樹
慶應義塾大学

大学院システムデザイン・マネジメント研究科

教授

　　東京大学教養学部卒業。学術博士。国立環境研究所主席研究員を経て現職。国際学術プログラム Future Earth（GCP）国際オフィス代表、国連気候変動パネル（IPCC）代表執筆者などを歴任。

吉田　崇紘
東京大学

大学院工学系研究科

特任助教

　　筑波大学大学院システム情報工学研究科修了。博士（社会工学）。国立環境研究所特別研究員を経て現職。地理情報科学、空間統計学に関する理論・応用研究に従事。

第2部　第1章

田島　誠

特定非営利活動法人　環境エネルギー政策研究所

理事・特任研究員

　　現在、主として再生可能エネルギーの開発と普及に関わる海外との技術交流・移転、研究に従事。AgriVoltaics2020および2021の科学委員、CWS Japan 理事、Womens' Eye 理事、認定 NPO 法人　国際協力 NGO センター防災アドバイザーなど。専門は自然資源管理（アグロフォレストリー）。米国ハワイ大学農業土壌学修士。

第2部　第2章

相川　高信

公益財団法人　自然エネルギー財団

上級研究員

　　バイオエネルギー政策全般、木質バイオエネルギーの持続可能性に関する研究や中長期戦略の策定、自治体との連携を担当。経済産業省資源エネルギー庁バイオマス持続可能性ワーキンググループ委員。博士（農学）

第2部　第3章

高橋　叶

デンマーク王国大使館

エネルギー担当官

　　デンマークの再エネコンサルティング会社や国内木質バイオマスコンサルティングの経験を経て、現在、主として再エネ政策に関する助言や2国間協議支援に従事。地球環境学修士。

第2部　第4章

分山　達也

九州大学エネルギー研究教育機構　准教授

　　自然エネルギーポテンシャルの評価や、風力発電のゾーニング、地熱発電の社会受容性、エネルギーシナリオの分析など、自然エネルギーの普及拡大に向けた研究に従事。

第3部　第1章

工藤　美香
公益財団法人　自然エネルギー財団
上級研究員・弁護士

電力システム改革、アジアスーパーグリッド（アジア国際送電網）、洋上風力発電をはじめとする自然エネルギーの導入促進に関する政策の調査研究に従事。

第3部　第2章

宇佐美　誠
京都大学
大学院地球環境学堂
教授

高知工科大学客員教授を兼任。専門は、法哲学・政治哲学。近著に、『AIで変わる法と社会』（編著、岩波書店、2020年）、『正義論』（共著、法律文化社、2019年）、『法哲学』（共著、有斐閣、2014年）など。

奥島　真一郎
筑波大学
システム情報系社会工学域
准教授

香港バプティスト大学アジアエネルギー研究センターフェローを兼任。専門は、環境経済学、エネルギー経済学、環境倫理。直近の論文として、"Regional energy poverty reevaluated: A direct measurement approach applied to France and Japan" *Energy Economics*（Sondès Kahouli 氏との共著）、"Energy poor need more energy, but do they need more carbon?: Evaluation of people's basic carbon needs" *Ecological Economics*、"Prevalence of energy poverty in Japan: A comprehensive analysis of energy poverty vulnerabilities" *Renewable and Sustainable Energy Reviews*（Raúl Castaño-Rosa 氏との共著）などがある。

第3部　第3章

豊田　陽介
特定非営利活動法人　気候ネットワーク
上席研究員

NGO の研究員として、現場での実践と研究をとおして地域を主体にした再生可能エネルギー導入・普及のためのコンサルティングや支援に取り組む。TERA Energy 株式会社取締役、たんたんエナジー株式会社取締役などを兼務。修士（社会学）。

第3部　第4章

増原　直樹

兵庫県公立大学法人　兵庫県立大学

環境人間学部

准教授（総合地球環境学研究所　客員准教授）

　　現在、主として環境行政、環境政策の教育研究に従事。総合地球環境学研究所在職時（2013年〜2021年）から、資源管理のうち特に水・エネルギーネクサスの分析を担当。兵庫県宍粟市環境審議会会長など兼務。博士（工学）。

第4部　第1章

原　圭史郎

大阪大学大学院工学研究科

教授

　　専門はフューチャー・デザイン、環境学。環境科学会理事（2021-2022）、経済産業研究所（RIETI）コンサルティングフェロー、東京財団政策研究所主席研究員なども務める。博士（環境学）。

第4部　第2章

藤田　将行

京都市

環境政策局　地球温暖化対策室

計画・気候変動適応策推進係長

　　現在、主として2050京（きょう）からCO_2ゼロ条例（京都市地球温暖化対策条例）及び京都市地球温暖化対策計画＜2021-2030＞、京都市における気候変動適応策の推進に関する業務に従事。

第4部　第3章

山口　一哉

神奈川県小田原市

環境部エネルギー政策推進課長

　　1992年小田原市役所入庁。総務、情報システム、企画、広報部門等を経て2019年度から現部門。現在は2050年の脱炭素社会の実現に向け、再生可能エネルギーの導入促進に取り組んでいる。

第4部　第4章

澁谷　潤

環境省

大臣官房環境計画課　課長補佐

現在、主として地方公共団体実行形各制度の運用に従事。

第5部　第1章

内藤　克彦

京都大学大学院経済学研究科

特任教授

現在は、再生可能エネルギーに関する制度について研究。環境省温暖化対策課調整官、自動車環境対策課長、港区副区長等を経て現職。著書は、「展望次世代自動車」「欧米の電力システム改革」など多数。各種委員会に所属。

第5部　第2章

古矢　勝彦

ニチコン株式会社

執行役員

NECST事業本部　技師長

現在、NECST事業本部の技術開発を統括するとともに全社の産学連携、産産連携の支援をしている。一般社団法人日本電機工業会（JEMA）の理事。

第5部　第3章

田中　謙司

東京大学

大学院工学系研究科　技術経営戦略学専攻

准教授

1998年東京大学工学部船舶海洋工学科卒業。2000年東京大学大学院工学系研究科情報工学専攻修士課程修了。2000〜2003年マッキンゼー・アンド・カンパニー・インク。2003〜2006年日本産業パートナーズ投資担当。2006〜2007年東京大学大学院工学系研究科助手（2007〜2011年同助教）。2009年東京大学大学院工学系研究科博士（工学）。2011年国土交通省政策参与（兼任：〜2012年）。2011年オーストリアグラーツ工科大学客員研究員（兼任）。2012〜2016年東京大学総括プロジェクト機構特任准教授。2017〜2019年東京大学大学院工学系研究科特任准教授。2019年同准教授。

武田　泰弘
TRENDE 株式会社

研究開発

テクノロジーディレクター

　2010年中央大学大学院電気電子情報通信工学研究科博士課程前期修了。ソニー株式会社入社。2012年ソニーコンピュータサイエンス研究所プロジェクトエンジニア。2016年株式会社オプトインキュベートテクノロジーディレクター。2017年東京電力ホールディングス株式会社新成長タスクフォース。東京大学大学院工学系研究科技術経営戦略学専攻博士課程後期入学。2018年 TRENDE 株式会社テクノロジーディレクター

第5部　第4章

小端　拓郎（執筆および編集）
国立研究開発法人　国立環境研究所

地球領域

特別研究員

　北海道大学資源開発工学部卒。大学院から渡米し、テキサス A&M 大学地質・地球物理学科修士課程修了。カリフォルニア大学サンディエゴ校スクリプス海洋研究所博士課程修了（Ph. D.）。地球環境戦略研究機関研究員、国立極地研究所特任助教、スイス・ベルン大学マリーキューリーフェローおよび講師、自然エネルギー財団上級研究員を経て、現在、国立環境研究所特別研究員。4500万年前から3000万年前の地球温暖期の研究、過去一万年の完新世の気候の研究を経て、現在、自然システムの中で人間社会が持続的に発展できる社会システムの在り方を探求している。主として、都市の脱炭素化研究に従事。2018年から京都脱炭素化プロジェクトのリーダーを務める。京都未来門プロジェクト代表。

■本書のための動画教材ウェブサイト

　本書の副教材として、授業や講習会でご利用ください。（動画教材と合わせて使用することで理解が深まります。）

国立環境研究所
社会対話・協働推進オフィス
https://taiwa.nies.go.jp/activity/bookevent2021_01.html

2021 年10月10日　初版第 1 刷発行

都市の脱炭素化　　　　　　　　　　　NDC：519　(定価はカバーに表示してあります)

編　　著	国 立 環 境 研 究 所 Ph. D. 小 端 拓 郎	
発 行 者	金　　井　　　　實	
発 行 所	株式会社 大 河 出 版	

（〒101-0046）東京都千代田区神田多町 2 - 9 - 6
　　　　　　TEL　（03）3253-6282（営業部）
　　　　　　　　　（03）3253-6283（編集部）
　　　　　　　　　（03）3253-6687（販売企画部）
　　　　　　FAX　（03）3253-6448
　　　　　　http://www.taigashuppan.co.jp
　　　　　　info@taigashuppan.co.jp
　　　　　　振替 00120- 8 -155239 番

〈検印廃止〉
落丁・乱丁本は弊社までお送り下さい。
送料弊社負担にてお取り替えいたします。

印　　刷	奥 村 印 刷 株 式 会 社
製　　本	オクムラ製本紙器株式会社

© TAIGA Publishing Co.,Ltd. 2021　　Printed in Japan
ISBN 978-4-88661-853-5 C 3050